HANDBOOK OF ICHIJIKU

育てて楽しむ

イチジク
栽培・利用加工

Hosomi Akihiro
細見 彰洋

創森社

生命の樹として
たたえられる

イチジク栽培へのいざない～序に代えて～

生い茂る葉の間から色づいた果実がのぞいていたら、思わず手を伸ばしたくなるのが人情です。さっそくほおばれば、口に広がる甘さ……。果実もまさに食べてもらうためにそこにあって、これほど自然で素直な出会いはありません。庭先園芸の楽しみは育てること自体が原点ですが、果樹の場合、その対価をその場で味わえる楽しみもまた原点の一つといえましょう。

本書ではそんな果樹のなかから、イチジクを紹介いたします。イチジクは、ミカンやリンゴといったメジャーな果物ではありませんが、庭先では古くから親しまれてきた歴史があります。「桃栗三年柿八年」の諺《ことわざ》どおり、樹齢を経てようやく実がなるのが果樹のつねですが、イチジクは植えた年にも実がなり、2年目にはそれなりの収穫が望めます。果樹というよりトマトのような感覚で栽培できる手軽さがあります。また、果実は3か月もの間、少しずつ熟します。日々の食卓にちょうどよい量を添えて、実りの喜びを長く楽しめるのもイチジクならではのぜいたくです。

＊

完熟果実を期待する方々は多いですが、熟度の好みは人によってさまざまです。また、料理の素材として少し未熟が適するときもあり、かならずしも完熟が最適とは限りません。完熟というより適熟が手に入ることこそ庭先栽培の強みではないでしょうか。

イチジクは急に成熟がすすむので、今日取るか、明日取るかで熟度は大きく変わります。収穫の微妙なタイミングを思いどおりに決められる庭先果樹の真価は、イチジクでこ

食物繊維、ペクチンに富むヘルシー果実

そ発揮されると思います。収穫時期に限らず、さまざまな栽培法も、どんなでき栄えの果実を目標にするかで必要度が違います。本書ではイチジク栽培の基本を説明しますが、経験のなかで自分流の最適な育て方、楽しみ方を見つけていただければ幸いです。

＊

日本では約1万2000tのイチジクを生産していますが、これには庭先の数字は含まれていません。庭先果樹の代表のような存在のイチジクなので、家庭の自給の数字もけっして無視できないはずです。

本書では「育てて楽しむイチジク」の書名のとおり、まずは育てること自体を恵みの原点にしながらも、りっぱな実がなり、確実に収量が上がり、おいしく食する方法を紹介しています。時代錯誤かもしれませんが、本書が、これを読む方々の自給の一助になることも著者の望みとするところです。

発刊にあたり、先進的なイチジク生産者である藤井延康氏、居村好造氏、谷野英之氏には、品種や栽培風景の撮影を快くお引き受けいただきました。取材・写真協力をしていただいた各方面の方々とともに、ここに記して厚く御礼申し上げます。また、果実の加工や栄養面の解説は、管理栄養士でもある妻、細見和子の助力によることを感謝とともに書き添えたいと思います。

2017年　薫風

細見　彰洋

〈育てて楽しむ〉イチジク　栽培・利用加工◎もくじ

本書の見方・読み方

◆本書では、イチジクの果実について、その生産の歴史と産地の様子を紹介し、栽培法、そして食べ方や料理法へと解説をすすめます。かならずしも順序どおりに読む必要はありません。理屈っぽく感じるところは後回しにし、生態・品種、栽培法、料理法など関心ある部分から読み始めてけっこうです。

◆栽培法や利用法の解説では、どうしても外せない作業を太字（ゴシック）書体にしました。熱心な読者ほどすべてを満足させようと努力されがちですが、作業の必要度には強弱があって、すべて決められたとおりでないと栽培できないわけではありません。とりあえず本文の太字部分には留意していただき、後は説明に沿った作業を心がけてください。

◆作業の時期は、関西平野部を標準にしています。地域によっては、生育期、収穫期など多少の前後があることを考慮してください。

◆本書の内容には、著者がかつて「和歌山の果樹」61巻6～8号に連載した記事の一部を含んでいます。

甘露煮はお茶請けに

自然の甘味のジャム

第1章

イチジクの魅力と生態・種類

普通種は受粉がなくても結実する

イチジクの起源と日本への渡来

人類最古の栽培植物!?

イチジクはアラビア半島に起源を持つとされ、1万年前もの遺跡から炭化したイチジクの実が発見され、人類最古の栽培植物だったともいわれています。中東のイチジク栽培はやがて地中海沿岸を西に向けて広がり、現在もこの地域ではイチジクの生産が盛んです。

16世紀にはアメリカに導入され、中東をはじめヨーロッパやアメリカでは品種改良も盛んにおこなわれてきました。一方、東方にも早くから栽培が拡大しており、すでに8世紀ごろには中国にも伝えられ、日本には中国から、あるいは15世紀半ばにヨーロッパから渡来したとの説があります。

イチジクの天日干し（イタリア・チレント）

市場に並ぶイチジク（イタリア・フィレンツェ）

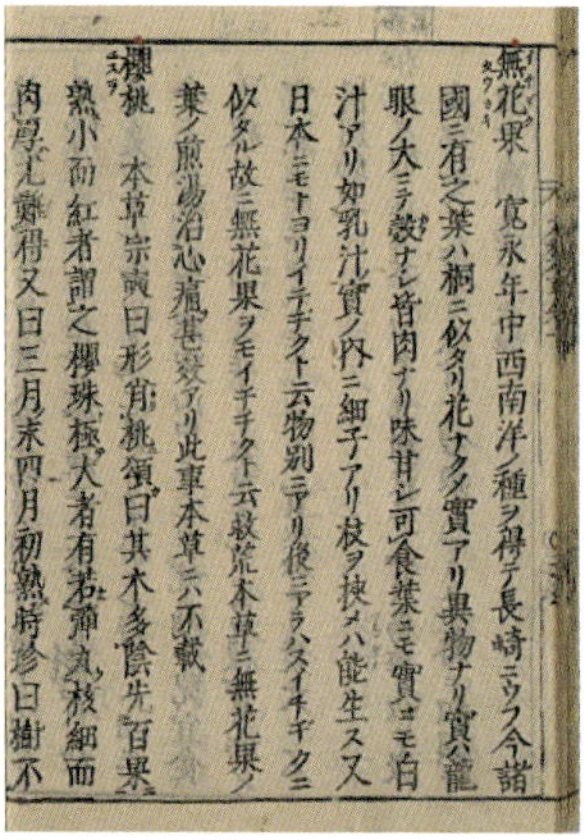
無花果　寛永年中西南洋ノ種ヲ得テ長崎ニウフ今諸國ニ有之葉ハ桐ニ似タリ花ナクシテ實アリ異物ナリ實ハ龍眼ノ大ニテ殼ナシ皆肉ナリ味甘シ可食葉ニモ實ニモ白汁アリ如乳汁實ノ内ニ細子アリ枝ヲ挿メハ能生ス又日本ニモトヨリイチヂクト云物別ニアリ俗ニテラハスイチヂクニ似タル故ニ無花果ヲモイチヂクト云救荒本草ニ無花果ノ葉ノ煎湯治心痛甚效アリ此事本草ニハ不載
櫻桃　本草宗奭曰形弁桃須曰其木多陰先百果熟小而紅者謂之櫻珠極大者有若彈丸核細而肉厚尤難得又曰三月末四月初熟時珍曰樹不

貝原益軒の『大和本草』（1709）。イチジクは西南洋から渡来したと記されている（国立国会図書館蔵）

生命の樹の説

紀元前25世紀ごろのメソポタミア文明の遺跡には、ブドウとともにイチジクの図柄が数多く刻まれています。紀元前6世紀ごろには文字としてもイチジクが登場し、古代ギリシャの詩文に記述が残っています。

また、エデンの園でアダムとイブがイチジクの葉を身にまとう旧約聖書のくだりはとても有名です。ギリシャ神話のなかにもイチジクが数多

ブティックを思わせるイチジクの菓子店（イタリア・チレント）

ヨーロッパのイチジク畑

く登場するほか、古代ローマでは、酒神バッカスがイチジクを伝えたとされ、多くの実をつける習性から、多産、生命のシンボルとされてきたようです。

　このように、数々の遺跡や語り継がれる伝説の多さは、人々にとってイチジクがいかにかかわり深い歴史的な果物であるかを物語るものでしょう。

日本在来種とも呼ばれる蓬莱柿

蓬莱柿と桝井ドーフィン

　日本に渡来したイチジクは、江戸時代にはまとまった生産がおこなわれていて、広島地方が産地だったようです。栽培品種は定かでありませんが、古くから栽培され日本在来種とも呼ばれる蓬莱柿《ほうらいし》が当時からの品

蓬莱柿は寒さに強く、栽培適地は広い

桝井ドーフィン

桝井ドーフィンの完熟果

熟果が鈴なりの桝井ドーフィン

蓬莱柿

蓬莱柿の熟果は果頂部が裂開しやすい

種ではないかとされています。

明治になると、海外からさまざまな品種の導入が試みられ、なかでも、明治末に広島県の桝井光次郎氏がアメリカから導入し、育成した桝井ドーフィンが注目されるようになりました。海外には非常によく似たサン・ピエロ（San Piero）というイチジクがあり、おそらく同一種と考えられています。

桝井ドーフィンはなんといっても実が大きくて収量が多いため、各地で人気を呼んで急速に広まりました。現在、国内で栽培されているイチジクの約7割がこの品種で占められています。

一方、古い産地である広島やそれ以西では、先に述べた蓬莱柿が現在も多く栽培されています。

「実の割れ」への反応

蓬莱柿の実は桝井ドーフィンよりやや小ぶりですが、酸味を伴った濃厚な味わいで、熟すると大きく割れる特徴があります。

割れた実にたいする消費者の反応はさまざまで、たとえば関西では腐りかけのようにいう人もいますが、逆に広島以西では割れてない実は熟していないように受け取られるようです。

食べてみればわかる話ですが、同じイチジクの評価が、地域によって「実の割れ」一つとってもここまで違うのはおもしろいことです。

国産イチジクを伸ばす機運

大消費地の近くで発展

現在、国内では約1000haの農地でイチジクが生産されています（平成25年度、農林水産省調べ）。また、出荷量は約1万2000tで世界では15番目で、16番目の中国をわずか上回っています（2014年、国際連合食料農業機関：FAO調べ）。

桝井ドーフィンは、日本の主力品種

果皮は薄く、紫褐色（桝井ドーフィン）

低次元の争いといえばそれまでですが、リンゴ、ミカン類、カキ、ブドウ、ナシといった主だった果樹の生産は、たいてい中国が世界のトップなので、イチジクのこの数字は特筆に値するものです。

都道府県では愛知がもっとも多く、ほかに兵庫、大阪、福岡、広島などが昔からの産地です。イチジクの果実はとても傷みやすいので、いずれも消費地に近い都市近郊産地として発展しました。

もっとも、輸送手段が発達した今日では周辺の地域にも生産が拡大しています。たとえば比較的新しい産

都市近郊のイチジク園（大阪府羽曳野市）

地の和歌山ですが栽培面積を広げ、あっという間に全国2位になっています。関東や北陸などでも栽培を増やす動きがあるようです。

ただし、イチジクは関東以西と品種によっては東北までが適地で、北海道での栽培はやや困難です。

大果でさっぱりした風味の桝井ドーフィン

生食・加工ともに人気増

かつてイチジクは、子ども時代におやつ代わりに食べた味が忘れられないという高齢者層の需要が主でした。しかし、昨今はスーパーや農産物直売所、道の駅に並ぶ機会も増え、季節感を与えてくれる果物として人気が高まっています。

また、生食用のテーブルフルーツとしてだけでなく、加工用としても注目されています。ジャムはもちろん、風味や切り口の美しさを生かした洋菓子などに使われる機会が増え、若者層にもおしゃれな食材として認められてきたようです。

季節感を与えてくれる果物として人気上昇（JA大阪南あすかてくるで羽曳野店）

昔も今もヘルシー果実

イチジクには古代から薬として利用されてきた歴史があります。日本でも江戸中期の『和漢三才図会《ずえ》』に果実の効能が書かれていて、胃腸を整え、のどの痛みや痔を治めると記されています。

現在は、イチジクが薬として利用されることはまれですが、整腸作用などは広く知られていて、ヘルシーな果物として定着しています。健康にかかわる成分などイチジクの持つ機能性については、第3章で詳しく解説しますが、健康食品としてのイメージも、国内のイチジク消費を押し上げる原動力になっていると思います。

イチジクの樹形と成熟・収穫

産地の冬の不思議な風景

イチジクの生産現場を眺める機会はあまりないかもしれませんが、とくに冬場に産地を訪れると、水田や畑に混じって、ちょっと変わった形の樹が並んでいるのに気づかれることでしょう。

樹の形はさまざまで、樹木のイメージからはかけ離れた不思議な光景です。桝井ドーフィンは、杯《はい》状形といって、まるで地面からタコが足を伸ばしたような格好の樹もあれば、一文字形といって、一列に並んだ主軸からムカデの足のように枝を出した樹もあります。

また、蓬莱柿では、ナシと同じく平棚に骨格を広げた樹を多く見かけ

杯状整枝樹の冬姿（大阪府柏原市）

一文字整枝樹の冬姿（大阪府羽曳野市）

イチジクの熟果を収穫する

ます。いずれも、本来の樹の自然な形ではなく、生産者が手を入れてできあがったものです。

　イチジクは果樹のなかでも着果が容易で、後で述べるとおり、樹の形にかかわらず、一定数の枝を一定の空間に配置さえすればそれなりの収穫が得られるというありがたい一面があります。そのため、樹の都合よりも人の作業の都合に合わせて、さまざまな仕立て方で栽培がおこなわれているというわけです。

杯状整枝樹（９月中旬）

収穫は深夜の作業

　後ほど詳しく述べますが、イチジクの果実は夏～秋と、翌年の初夏の2時期に熟する習性があって、それぞれ秋果《あきか》、夏果《なつか》と呼ばれます。

一文字整枝樹（９月中旬）

　このうち、日本でイチジクの生産はほぼ秋果に限られます。秋とはいいながら、露地の桝井ドーフィンの収穫は7月末には始まって11月上旬ごろまで続きます。

　なにぶん鮮度が勝負なので、その日店頭に並べるための収穫は深夜から明け方までにおこなわれます。撮影のため、あえて日中に作業風景を撮りましたが、大阪近郊の産地（柏《かし》

一文字整枝の主幹（15年生）

イチジクの収穫作業

❶やわらかさを判断して収穫

❷収穫果をコンテナに入れる

❸糖度を測定して品質を管理する

❹ダンボール箱への箱詰め作業

❺一箱は大果（桝井ドーフィン）12個入り

❻農産物直売所、デパートなどにも出荷

原《はら》市、羽曳野市など）では、実際には真夜中にヘッドランプを灯しながらの作業が毎晩3か月も続きます。

出荷にはさまざまなスタイルがあります。主産地の生産者は通常、8月初めから11月上旬にかけて地元のJAに出荷しますが、そこで品質検査を受けることになります。

また、農産物直売所はもとより、大手のスーパーなどに直接出荷する生産者も多く、自前で箱詰めをこなす必要があります。品質管理のため糖度計で甘さのチェックもおこないます。

生産者にとっては喜びと同時にもっとも過酷な作業であり、なにげなく店頭に並んでいるイチジクも、そんな苦労とともに出荷されていることを思い浮かべていただければ幸いです。

果樹としてのユニークな生態

クワ科イチジク属の果樹

イチジクは分類学的にはクワ科イチジク属に含まれ、和名はイチジク、学名は Ficus carica L. です。

伸び始めた新梢（先端が尖るのがイチジク属の特徴）

イチジク属には、他の属にはないおもしろい特徴があります。

樹の様子を観察すること自体、植物好きには楽しいことですが、育て方の基本も観察に始まります。基礎をかためる意味で枝や葉、果実、根など、イチジクのさまざまな部位をじっくりと眺めてみましょう。栽培のためにさまざまに手を加える意義もより深く見えてくるはずです。

余談ながら、インドゴムやベンジャミン、プミラといった観葉植物も同じイチジク属です。身近な観葉植物との意外な共通点を見つけてみるのもおもしろいかもしれません。

典型的な成葉

新梢に実をつける

落葉果樹であるイチジクは冬の間は葉を落として休眠していますが、春になると冬枝の先端や節々にある芽が吹き出し、葉をつぎつぎと広げながら新梢として生長します。

新梢の先端は、これから開く葉が集まって筆先のように尖がっています。これはイチジク属の植物に共通した特徴です。

葉の大きさや形は季節差や品種によって違いますが、成葉では5枚程度に切れ込んだ形になるのがふつうです。

6月ごろになると、葉のつけ根に

品種による葉形の違い

ゼブラ・スイート

ホワイト・イスキア

ブルジャソット・グリース

桝井ドーフィン

イスキア・ブラック

蓬莱柿

カリフォルニア・ブラック

バナーネ

ネグローネ

コナドリア

ショート・ブリッジ

ブルンスウィック

セレスト

ネグロ・ラルゴ

カドタ

ブラウン・ターキー

小さな丸いふくらみが観察されます。これは花芽《はなめ》（「かが」ともいう）がふくらんだものです。このころ日照が足りなかったりするとふくらまず落ちてしまう（落果する）こともありますが、ふつうは大きくなって果実になります。

丸くふくらんだ花芽（隣に葉芽）

伸びていく新梢がその場でどんどん実をつけていくのはイチジクならではの特徴で、新梢といわずに結果《けっか》枝《し》（実をつける枝）と呼ぶこともあります。

花芽の隣の小さな芽はいずれ新梢として伸びる葉芽《はめ》（「ようが」ともいう）で、翌年の春まで小さいまま休眠します。

しかし、新梢の生長が強い場合には、葉芽がその年に伸長を始めてしまい、節から枝分かれした新梢（副梢と呼ばれる）になります。副梢はイチジクを栽培するうえでは邪魔な存在です。

図１　イチジク幼果の断面

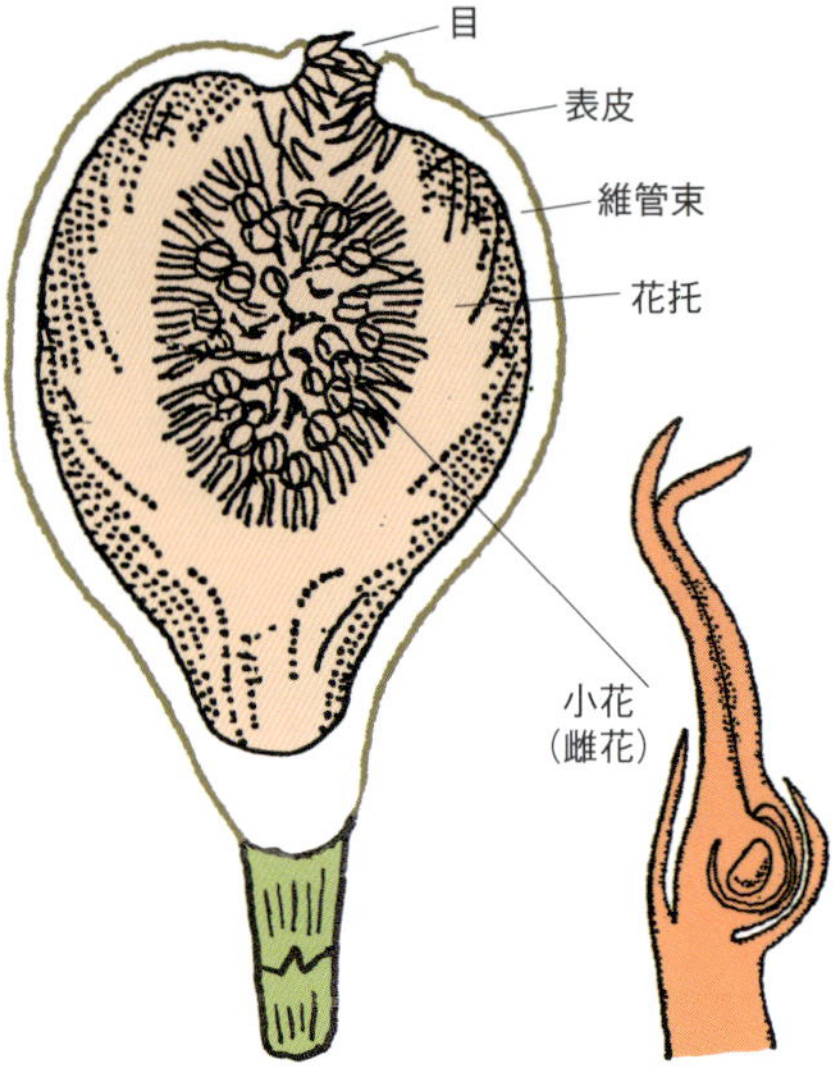

注：『果樹園芸総論』小林章著（養賢堂）、『The Fig』Condit 著（Chronica Botanica）をもとに加工作成

旺盛な新梢の葉腋からは副梢が伸びる

ひそかにギッシリ咲く花

話を花芽にすすめましょう。イチジクの最大の特徴が、なんといっても不思議な花の構造にあるからです（**図１**）。各節々の花芽のふくらみは、新梢の根元のほうから順に始まります。

それぞれの花芽は、みるみるふくらんだ後、いったん肥大を止めます。じつは、このころに若い緑の実

生長第Ⅱ期幼果内部の変化

生長第Ⅱ期の幼果の肥大は停滞しているものの、内部では花から果実への変化が起こっている

（幼果）のなかで花が咲きます。イチジクは花が咲かずに実がなるという意味で、漢字では「無花果」と書きますが、緑色の表皮に包まれて見えないだけなのです。

ためしに幼果を割るとひげのような無数の細長い突起がびっしり内側に向かって並んでいます。この一つ一つが小花といわれる花です。

ほぼすべてが雌花なので、そのままでは受粉が成立しないのですが、23頁で詳述するとおりイチジクには雄花を持つ「カプリ系」と呼ばれる野生種があり、その花粉をイチジクコバチという蜂が運んできて目から幼果にもぐり込んだときに受粉できる仕組みになっています。

もっとも、日本にはこのイチジクコバチが生息しておらず、実際には受粉はおこなわれません。それでも、日本で広く栽培される蓬莱柿や桝井ドーフィンなど、コモン系と呼ばれる多くのイチジク品種は受粉がなくても結実する性質（単為結果性）があり、蜂がいなくても実をならすことができるのです。

花から果実へ

開花の後もイチジクの幼果は1か月以上ほとんど肥大せず緑のままで、専門的には生長第Ⅱ期と呼ばれる停滞期を過ごします（59頁）。

しかし、外からうかがいしれないだけで、幼果の内部では開花から成熟に向けた変化がすすんでいます。写真はその変化を示していて、小花の根本に種ができていくのもわかります。前述のとおり日本では受粉が成立していないので、いずれの種も中身は空《から》（粃《しいな》）ですが、それでもコ

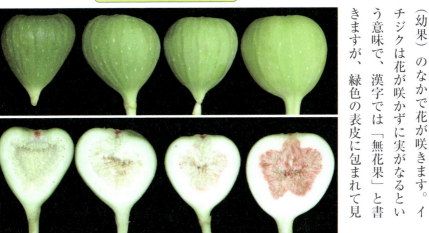

モン系のイチジクは成熟を止めることはありません。

停滞期の後、満を持したかのごとく急に肥大を始め、1週間から10日ほどでみごとな大きさの成熟果となります。果実は肥大とともに軟化し、自身の重みでみるみる垂れ下がるのがわかります。

成熟も着果の時期を反映して新梢の根元から順々にすすみます。イチジクの語源には諸説ありますが、複数の幼果が一つずつ熟する性質が「一熟」と表され、イチジクという発音になったともいわれます。

根元側から順に成熟。いっせいに熟することはない

果実の数と葉の関係

イチジクの専門書には、果実1個に葉1枚が対応するという説明がよく出てきます。このことを1個の実の生長が、その実がついている節の1枚の葉だけで養われると考える向きもありますが、著者は少し極端すぎる解釈だと思っています。

もし、完全に1枚の葉だけで1個が実るなら、他の葉を取り除いても、葉が残っている実だけはちゃんと熟すはずです。

しかし、実際にたくさんの葉を切ってしまうと、葉を残した果実でも生長が悪くなります。けっして一対の葉と果実が他と独立しているわけではないのです。

もっとも、若い実同士に養分の取り合いはほとんどないようです。実をならせすぎると品質が悪くなるのは、一般の果樹にはよくあることで、これを避けるために、摘果という実を間引く作業をします。

しかし、イチジクの場合、いっせいに熟すことがないためか、少なくとも秋果に関しては実の数と品質はほとんど関係がなく、摘果は不要です。その意味で個々の実が独立している印象があるのは事実で、他の果樹では見られない特徴です。

秋果と夏果の順番

熟期は、品種によっても異なります。先述しましたが、一般に夏から晩秋にかけて続き、これを秋果と呼びます。秋がさらに深まって気温が低くなると、成熟まで達しなかった実は冬の間にしぼんで脱落します。

ただし、ごく小さい実は脱落せず

イチジクの結果習性

越冬し、翌春から生長を再開して初夏に熟します。これを夏果と呼びます。英語では秋果をセカンドクロップ（Second crop）としていますが、順番は秋果のほうが先で、秋果を当年果、夏果を次年果と呼ぶほうがわかりやすいかもしれません。

果実はひたすら順番に熟していて、たまたま冬という季節で分断された結果なのです。一般の果樹なら、果実はほぼ一時期に成熟するのがふつうなので、順々かつ周回遅れで実がなるのは、イチジクならではのおもしろい特徴です。

こうして成熟した果実はわたしたちが口にし、あのイチジク独特の味覚を味わうことになります。果実に含まれる成分についてもイチジクにはいくつか際だった特徴がありますが、食べ方や加工とかかわりの深い話題として、後ほど詳しく紹介することにします。

冬枝に見る過去と未来

すっかり落葉した後に、もう一度今年伸びた新梢を観察してみることにしましょう。

まず、枝の各節を観察すると、節をはさんで丸い跡が二つ観察できます。それぞれ枝先側は果実、根元側は葉の跡です。果実の跡には春を待つ葉芽が寄り添って見えます。

枝先に目を転じてみましょう。節がどんどん詰まっていますが、これ

落葉後の新梢中央部。枝先側は果実の跡、根元側は葉の跡

落葉後の新梢先端部

は新梢の生長がしだいに止まった証拠です。先端と、ときにはその付近に大きく尖がっているのも葉芽ですが、その年の伸びが止まった（休止した）状態の芽なので、枝の途中の葉芽に比べてはるかに大きく、翌春は早く発芽します。

また、ふくらもうとしていた花芽が先端に丸く残っています。一円玉ぐらいの幼果と呼べるものもあれば、マッチ棒の先ほどの小さなものもあります。このうち大きいものはいずれ脱落しますが、小さいのは越冬して翌春に肥大を再開して先述した夏果になります。

もっとも、一般にイチジクの剪定は枝を短く切り、枝先につく夏果はすべて除かれます。生産の対象が秋果だけなので、それでもかまわないのですが、あえて夏果を実らせたい場合には、こういった枝先を残しながら剪定する必要があります。

ふだん見えない地下部

イチジク根は浅く張るのが特徴

土の状態や品種によっても差はありますが、イチジクの根は比較的浅く伸びる習性があります。

また、健康な根は黄色っぽい色で複雑に枝分かれし、根の先には細根が密集しています。しかし、土が過湿だと根の色は濃くなって、菌の攻撃を受けた部分は黒く劣化します。

根はつぎつぎに伸びてくるので多少の劣化は問題がありませんが、後ほど説明するいや地やイチジク株枯病では、地上部も衰弱したり、樹全体が枯れたりします。あるいは、根のあちこちにコブができている場合もあって、これはセンチュウの寄生によるものです。

土のなかはつねにさまざまな菌の攻撃にさらされていて、土は養分の源であると同時に、微生物との熾烈な主戦場でもあるわけです。

イチジクの系統・分類と種類

受粉による系統・分類

イチジクの若い実（幼果）のことは、内部のほとんどが雌花の集合体であると19頁に述べました。

進化のうえでは、雌花と雄花があり、さらには、雌花が少し変形した虫えい花という花が用意され、花粉を運んでくれるイチジクコバチの幼虫に住み家と食料を提供する仕組みになっているのが、イチジク本来の幼果です。

しかし、この生態はイチジクの品種改良とともに変化し、やがてカプリ系、スミルナ系、サンペドロ系、コモン（普通）系の4系統（**表1**）に分類されるようになりました。このうち、カプリ系がもっとも原型に近いグループです。カプリ系の幼果には花粉を持つ完全な雄花があり、虫えい花もあってイチジクコバチが寄生し、人の食用には向きません。

一方、これ以外のグループの幼果では雄花が退化して花粉はほとんどありません。仮にイチジクコバチが侵入しても虫えい花がなく、蜂は卵を産みつけることができないようになっています。

果実を食べようとしたら蜂の幼虫が出てきてビックリなどということはなく、純粋にイチジクの果肉だけを味わうことができます。人にとっては、都合のよい形に進化（退化？）しているわけです。

では、食用となるスミルナ系、サンペドロ系、コモン系の違いはなんでしょう？ じつは、果実としての成熟に花粉が必要かどうかが分かれ目です。

まず、スミルナ系は受粉が必要なグループで、イチジクコバチからカプリ系の花粉をもらわないとまったく成熟しません。

また、サンペドロ系は果実の成熟

表1　イチジクの系統と結実

系統	花粉	結実	
		夏果	秋果
カプリ	ある	△	△
スミルナ	ない	△	△
サンペドロ	ない	○	△
コモン（普通）	ない	○	○

注：①△は受粉が必要、○は単為結実する
　　②日本での栽培はほとんどがコモン系

期によって異なり、夏から秋にかけて実る秋果には同じく受粉が必要ですが、年を越して翌年の初夏に実る夏果は受粉なしでも熟します。

これにたいして、季節を問わず花粉なしで成熟するのがコモン系で、イチジクの原型からはもっとも遠い、いわばもっとも改良のすすんだグループです。

その特徴

果実の大きさ	果重(g)	果皮色	甘味	酸味	肉質	着果
大	70～120	紫褐	ふつう		ふつう	多
中	60～80	淡赤紫	ふつう	○	粗い	多
中	60～80	暗赤紫	ふつう	○	粗い	多
中	60～80	赤褐	多い		緻密	多
中	50～70	緑黄	ふつう		ふつう	中
中	50～70	黄褐	ふつう		緻密	多
中	50～60	黄褐	ふつう		緻密	多
中	40～50	暗赤紫	ふつう	○	粗い	多
小	35～45	紫黒	ふつう		ふつう	多
小	35～45	紫黒	多い		緻密	中
小	35～45	橙褐	多い		緻密	多
小	30～45	緑黄	ふつう		緻密	多
小	30～45	緑黄	ふつう		ふつう	多
小	20～30	紫黒	多い		ふつう	多
小	20～30	紫黒	ふつう	○	ふつう	多
小	15～25	緑黄	多い		ふつう	多
小	15～20	淡赤紫	多い	○	ふつう	多
極大	100～150	暗赤紫	多い	○	粗い	少
中	50～60	緑黄	多い	○	粗い	中

収穫時期による区分け

イチジクコバチが生息していない日本では、残念ながら受粉の必要なスミルナ系のイチジクは自然には熟しません。また、サンペドロ系も、受粉の不要な夏果しか熟さないので、日本ではサンペドロ系のことを夏果専用種と呼んでいます。

これにたいして、コモン系は、夏も秋も受粉なしに熟すので夏秋兼用種と呼ばれます。もっとも同じコモン系でも、受粉云々とは別に樹の習性として夏果がつきにくい品種があり、これらのコモン系は秋果専用種と呼ばれることもあります。

しかし、夏秋兼用種と秋果専用種の違いは明確ではなく、漢字が紛らわしいこともあって、販売される苗木の表示にも、しばしば混同が見られます。日本でのイチジク栽培は事実上、秋果に限られます。本書では混乱を避ける意味でも夏秋兼用種と

表2　主な品種と

タイプ	品　種　名	樹サイズ	収　穫　期
普通種	桝井ドーフィン	中	8月上旬～11月中旬
普通種	蓬莱柿	大	9月上旬～11月中旬
普通種	バナーネ	やや大	8月下旬～11月中旬
普通種	とよみつひめ	中	8月下旬～11月上旬
普通種	コナドリア	やや大	8月下旬～10月下旬
普通種	ブルンスウィック	中	8月下旬～11月中旬
普通種	ブラウン・ターキー	小	8月下旬～11月上旬
普通種	ブルジャソット・グリース	やや大	8月下旬～11月上旬
普通種	カリフォルニア・ブラック	やや大	8月下旬～11月上旬
普通種	ネグロ・ラルゴ	中	8月中旬～11月上旬
普通種	ショート・ブリッジ	中	8月中旬～10月下旬
普通種	カドタ	やや大	8月中旬～11月上旬
普通種	ゼブラ・スイート	中	8月下旬～10月下旬
普通種	イスキア・ブラック	中	8月下旬～11月上旬
普通種	ネグローネ	中	8月下旬～11月上旬
普通種	ホワイト・イスキア	中	8月中旬～10月下旬
普通種	セレスト	中	8月上旬～10月下旬
夏果専用種	ビオレー・ドーフィン	やや大	6月下旬～7月上旬
夏果専用種	キング	やや大	6月下旬～7月中旬

注：タイプごとに果実の大きさ順に掲載

秋果専用種は区別せず、コモン系＝普通種として説明します（表2）。

用途などによる分け方

用途　イチジクの場合、用途による明確な区分はありませんが、生果と乾果のどちらを利用するかで事情が異なります。海外のイチジクは主に乾果で利用され、スミルナ系のイチジクが多用されます。

スミルナ系は受粉が必須なので、熟した果実には受精した種子が必ず入ります。これらはニワトリの卵に例えると有精卵に相当し、種子に含

輸入イチジクの乾果（原産国トルコ）

まれる油分が特有の芳ばしさを与え、乾燥イチジクの品質の決め手となります。スミルナ系はその意味で乾果向きの品種です。

一方、普通種のイチジクにも種はありますが、日本のように無受粉で実らせた種は、卵でいうなら無精卵で、残念ながら芳ばしさは劣ります。ただし、無受粉の種は中身が空で、容易に噛み砕くことができます。半種なしで食べやすいという点で、生食には普通種のほうが向いているといえましょう。

日本ではほとんどが生食用

サイズ・甘味など　これ以外にもイチジク品種の特性には国内外で基準があって、日本の場合、公式なものとしては「農林水産植物種類別審査基準いちじく種」というのがあります。

82項目にも及ぶ詳細な基準で、たとえば果実の大きさでは極小（15g以下）、小（16〜40g）、中（41〜75g）、大（76〜１１０g）、極大（１１１g以上）、甘味では低（糖度15度以下）、中（15・1〜18度）、高（18・1度以上）というように階級が決められています。ただし、指標品種を除く大半の品種が、それぞれどの階級かは示されていません。

果実の大きさだけを取ってみても、栽培条件や成熟する季節による変動が大きく、専門家によって意見が分かれます。

品種名をめぐる混乱

世界のイチジク品種は５００種以上とされますが、その品種名はあやふやといわざるをえません。桝井ドーフィンの元名がサン・ピエロとされるように、国や地域によって同じ品種にさまざまな呼称が使われる例があります。

また、ブルンスウィックにホワイト・ゼノアという別品種の名称が使われているなど、明らかなまちがいが定着してしまう例もあります。

昨今は目新しいイチジク品種がさまざまなルートで輸入され、誤称や別称が氾濫しやすい状況ですが、そもそもの品種名が世界じゅうで混乱していて、かならずしも苗木販売店にのみ責任を問えない実態があります。

第2章

イチジクの育て方・実らせ方

成熟期のイチジク（桝井ドーフィン）

主な普通種と夏果専用種

主だった品種について、普通種と夏果専用種の順に特徴を紹介します。高名なアメリカのイチジク学者コンディットが整理した品種名もアルファベットで併記します。

主な普通種

桝井ドーフィン

(San Piero)

成熟期：8月上旬～11月中旬
果実サイズ：大
肉質：ふつう
甘味：ふつう
樹サイズ：中

日本でもっとも多く栽培され、「ドーフィン」の名称で販売されることもある。早生《わせ》で大果・多収だが、寒さに弱いのが難点。

バナーネ

(Longue dAoût.)

成熟期：8月下旬～11月中旬
果実サイズ：中
肉質：粗い
甘味：ふつう、酸味あり
樹サイズ：やや大

最近、苗の流通が多くなった品種。果皮は地味な色だが果肉は紅色、大果で着果も多い。果肉の小果は目立つが、ねっとりした食感で、蓬莱柿に似た酸味がある。

ブルンスウィック

(Brunswick)

成熟期：8月下旬～11月中旬
果実サイズ：中
肉質：緻密
甘味：ふつう
樹サイズ：中

古くから庭先用として植えられてきた。寒さに強く、東北でも栽培される。誤ってホワイト・ゼノアという別品種の名で呼ばれることが多い。葉が深く切れ込み、果実は縦長になる。果肉が緻密・多汁で種が目立たないが、果頂が早く熟し一果内で味がそろわないのが難点。

ブラウン・ターキー

(Brown Turkey)

成熟期：8月下旬～11月上旬
果実サイズ：中
肉質：緻密
甘味：ふつう
樹サイズ：小

明治の初めに導入された品種。果皮は地味な色だが、果肉は緻密で多

桝井ドーフィン

バナーネ

ブルンスウィック

ブラウン・ターキー

汁。弱勢で樹が場所をとらない点でも家庭向き。

ブルジャソット・グリース

(Bourjassote Grisé)

成熟期：8月下旬〜11月上旬
果実サイズ：中
肉質：粗い
甘味：ふつう、酸味あり
樹サイズ：やや大

果皮は地味な色合いだが、果肉は鮮明な紅色で、加工品の彩りとしても魅力。

カリフォルニア・ブラック

(Franciscana)

成熟期：8月下旬〜11月上旬
果実サイズ：小
肉質：ふつう
甘味：ふつう
樹サイズ：やや大

その名のとおり果皮の色が濃い。果肉は糖度が高いが、果汁が少なめで粘質。

ショート・ブリッジ

成熟期：8月中旬〜10月下旬
果実サイズ：小
肉質：緻密
甘味：強い
樹サイズ：中

果実は小ぶりだが、肉質が緻密で甘味も強い。苗木の流通は多いが、品種名や来歴について現時点で情報を持ち合わせていない。

カドタ

(Dottato)

成熟期：8月中旬〜11月上旬
果実サイズ：小
肉質：緻密
甘味：ふつう
樹サイズ：やや大

小果だが着果が多い。緻密で多汁

ブルジャソット・グリース

カリフォルニア・ブラック

ショート・ブリッジ

カドタ

とよみつひめ

とよみつひめの完熟果

な果肉で味がよい。海外では乾果用としても珍重される。

ホワイト・イスキア

(Ischia)

成熟期：8月中旬～10月下旬

果実サイズ：小

肉質：ふつう

甘味：強い

樹サイズ：中

緑黄色の小型品種だが着果が多い。種子はやや目立つが、多汁で食味は良好。

とよみつひめ

成熟期：8月下旬～11月上旬

果実サイズ：中

肉質：緻密

甘味：強い

樹サイズ：中

日本で育種された数少ない品種の一つで、濃厚な甘味と、緻密な肉質が特徴。苗木の流通は福岡県の生産者に限定され、現在のところ家庭では栽培することはできない。果実は店頭で買い求めることができる。

蓬莱柿

(Horaigaki)

成熟期：9月上旬～11月中旬

ホワイト・イスキア

蓬莱柿

蓬莱柿の果肉（横断面）

果実サイズ：中
肉質：粗い
甘味：ふつう、酸味あり
樹サイズ：大

日本古来の品種で「日本在来」の名でも販売される。一般の読みはホウライシだが、コンディットはホウ

ライガキと紹介している。樹が大きくなり、地植えでは場所をとるのが難点。栽培は広島以西に多いが寒さには強い。

コナドリア
(Conadria)

成熟期：8月下旬〜10月下旬
果実サイズ：中
肉質：ふつう
甘味：ふつう
樹サイズ：やや大

緑黄色できめの細かい果皮に特徴がある。着果も多い。樹は強勢なほうで、地植えでは場所をとるのが難点。

ネグロ・ラルゴ
(Barnissote)

成熟期：8月中旬〜11月上旬
果実サイズ：小
肉質：緻密
甘味：強い
樹サイズ：中

果実はやや小ぶりでやや縦長。肉質が緻密で、甘味が強い。

ゼブラ・スイート
(Panachée)

成熟期：8月下旬〜10月下旬
果実サイズ：小
肉質：ふつう
甘味：ふつう
樹サイズ：中

古い品種だが、日本では最近出回るようになった。ユニークな縞模様に特徴があって、とくに未熟なときの観賞的価値は高い。

イスキア・ブラック
(Ischia Black)

成熟期：8月下旬〜11月上旬
果実サイズ：小
肉質：ふつう

ネグロ・ラルゴ

ゼブラ・スイート

イスキア・ブラック

ネグローネ

セレスト

甘味：強い
樹サイズ：中

その名のとおり濃い色の小型品種。じゅうぶん熟した実は、砂糖のような甘さがある。

ネグローネ
(Bordeaux)

成熟期：8月下旬～11月上旬
果実サイズ：小
肉質：ふつう
甘味：ふつう、酸味あり
樹サイズ：中

果実はイスキア・ブラックに似るが、ほのかな酸味がある点が異なる。土壌病害であるイチジク株枯病に抵抗力があるので、桝井ドーフィンの台木としても利用価値がある。

セレスト
(Malta)

成熟期：8月上旬～10月下旬

果実サイズ：小
肉質：ふつう
甘味：強い、酸味あり
樹サイズ：中

ひと口サイズの小果品種。じゅうぶんに熟した実は、濃厚な甘さで美味。小果を生かした加工利用もおもしろい。

夏果専用種

キング
(King)

成熟期：6月下旬～7月中旬
果実サイズ：中
肉質：粗い
甘味：強い、酸味あり
樹サイズ：やや大

果実は成熟しても緑黄色だが、果肉は紅色になる。大きさは中だが、前年枝の先端だけでなく、根元にかけての数節にも夏果をつけるので、他の夏果専用品種にくらべて、着果数が多い。

ビオレー・ドーフィン
(Dauphine)

成熟期：6月下旬～7月上旬
果実サイズ：極大
肉質：粗い
甘味：強い、酸味あり
樹サイズ：中

熟果は紫褐色だが果梗付近には緑色が残る。大きくて甘味も強く品質が優れる。着果数も夏果専用種のなかでは多いほうだが、節の詰まった先端に密集する傾向がある。

キング

キングの果肉と果実

ビオレー・ドーフィン

ビオレー・ドーフィンの果実と果肉

庭先に適した品種の選び方

迷ったら桝井ドーフィン

近ごろはイチジクへの興味の高まりなのか、園芸店に並ぶイチジクの苗もずいぶん種類が増え、ネットショップでも色や形の変わったイチジク苗が出回っています。

桝井ドーフィンの成熟果。耐寒性なども考慮して品種を選ぶ

「極甘」とか「巨大」といったキャッチフレーズにも興味をそそられると思いますが、初心者には桝井ドーフィンが無難でしょう。

単にドーフィンの名で売られることも多いこの品種は、なにより大きな果実を数多く実らせる能力にたけていて、日本の主要種となる理由があります。本章で紹介する栽培法も桝井ドーフィンを基本にしています。迷ったときはこの品種でまちがいないでしょう。

もっとも、桝井ドーフィンにも難点があって、一つは寒さに弱い点です。ブルンスウィックや蓬莱柿をはじめ、先に紹介した品種はほとんどが桝井ドーフィンよりも寒さに強いとされています。**冷え込みの強い内陸や北日本では、桝井ドーフィン以外の品種を選ぶほうが無難**です。

品種選びの留意点

せっかくわが家の庭でつくるなら、桝井ドーフィンだけでなく特徴ある品種もつくってみたいとお考えの方もあるかもしれません。イチジクは形や大きさ、色なども品種によってさまざまです。小さくても甘味の強い品種や、適度な酸味のある品種もあります。先ほど紹介した品種の特徴を参考に、ご自身の好みで選んでください。

もっとも、品種選びでは、押さえておきたいポイントがあります。耐寒性については先ほど述べました。また樹のサイズも大切です。たとえば樹が大きくなる蓬莱柿を地植えす

蓬莱柿。独特の風味と酸味がある

ネグローネ。ほのかな酸味がある

る場合は35㎡ぐらいの面積が必要です。**限られた場所では、よりコンパクトな品種**を選んでください。

また、品種紹介では夏果専用種も挙げましたが、無難なのはやはり普通種でしょう。夏果は枝先あたりにしか実らないので収量が少なく、成熟期が梅雨と重なるため、実が雨に打たれて腐りやすいなどの問題があります。

樹勢の強い蓬莱柿は大木となるので、広い面積が必要（福岡県行橋市）

庭先の場合も安定した着果に定評のあるキングなどを除いては、夏果専用種はおすすめできません。少しでよいので、ぜひ夏果で早い季節から実を食べたいと考える方は、桝井ドーフィンなどの普通種での夏果取りを考えるほうが賢明だと思います。

夏果専用種は枝先にしか実がならず、収量が少ない

一年間の生育ステージと作業暦

秋果生産を前提に、イチジクの一年間の生育と、これに対応した栽培作業を**図2**に示しました。育て方のおおよその流れを頭に入れていただければと思います。

なお、夏果専用種の栽培は、普通種とは剪定方法が異なり、栽培例もまれなので第2章での説明は割愛いたします。

萌芽（4月中旬）

展葉（4月下旬）

休眠期の管理作業

11月に入ると葉が徐々に黄色味をおび、やがて中～下旬から落葉し始め、樹は翌春の3月中旬ごろまで休眠します。

11～12月ごろから土の通気性、保水性を高めるため、堆肥や有機物などを与えたりして土壌改良をおこないます。

イチジクの根は、2月ごろに活動を開始します。根の活動に合わせて少しずつ肥料が効くよう、元肥《もとごえ》は1月ごろには施しておきましょう。

剪定は2～3月が無難ですが、温暖な地域であれば12月ごろから剪定してもかまいません。**晩霜害《ばんそうがい》の多い地域は3月初めには枝のわら巻きなどを施します。**

生育期の管理作業

休眠期の後は発根・発芽期、新梢伸長期、さらに果実肥大・成熟期の生育過程をたどります。

4月中旬には新梢が発芽を始めます。放置すると貧弱な枝が密集するので、**芽かきは欠かせません。**5月以降、勢いよく新梢が伸びてくるので、必要に応じて**誘引、不要な新梢の除去、副梢の切除など（49～50頁で例示）**の枝管理をします。

雑草も旺盛に繁茂します。地面に

図2　イチジク樹の生育と年間作業

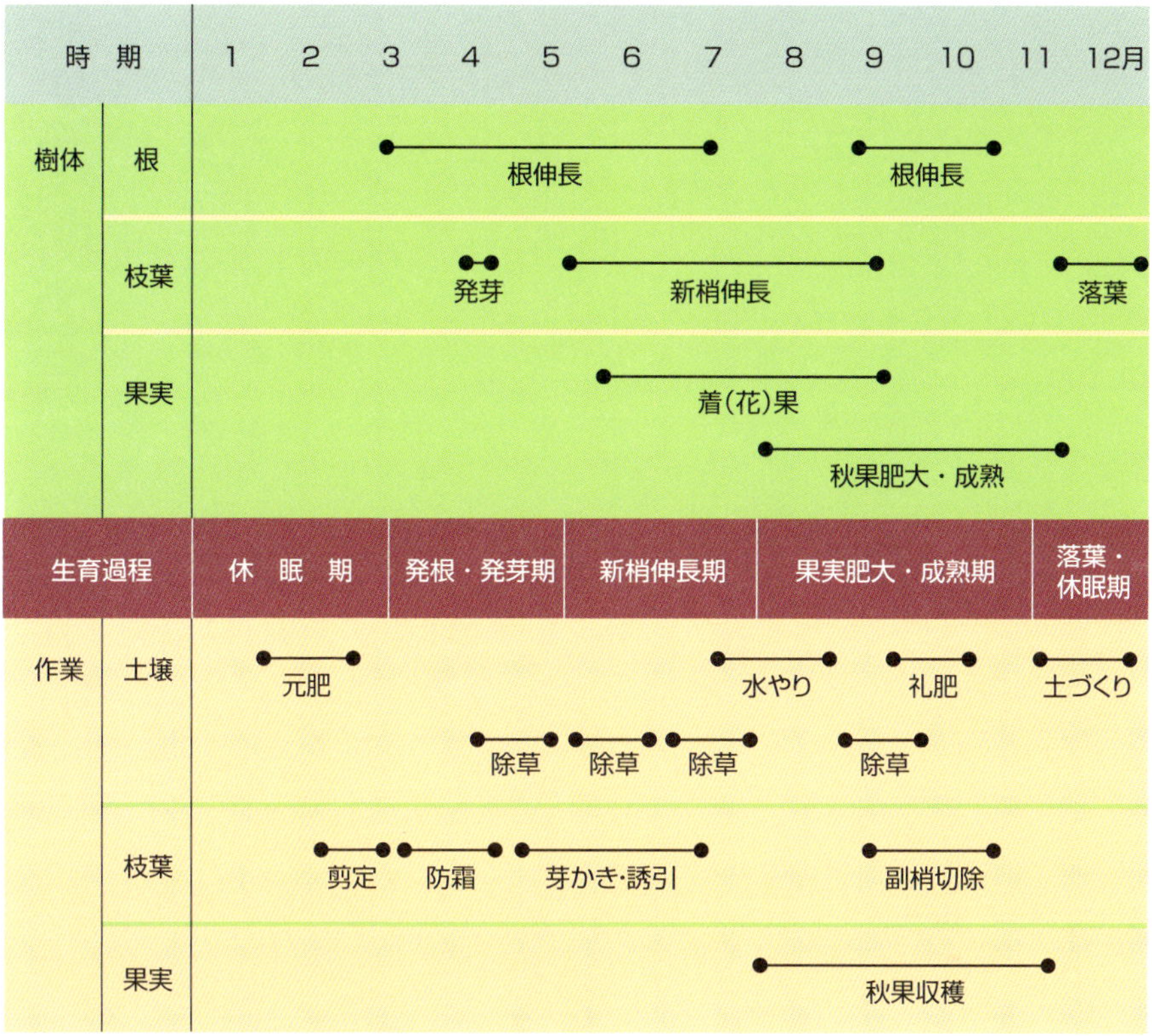

注：①普通系品種を基本とし、梅雨期に実る夏果は省略
　②病害虫は個別に発生し、それぞれの防除時期があるので66頁以降を参照
　③関西平野部を基準にしている

防草の覆いがない場合は、春から秋にかけて4回ぐらいの**除草が必要**です。夏場は乾燥に注意し、葉がしおれないように水を与えます。

　果実の成熟は、桝井ドーフィンのような早生種は8月から、それ以外の秋果品種は9月ごろから始まり、11月上旬ごろまで収穫できます。

　10月下旬には少々の化学肥料を礼《れい》肥《ごえ》として施します。この間、病虫害の防除が必要になることもありますが、それぞれ**防除適期を逃さない**ようにしましょう。

秋果の肥大開始（8月）

植え場所の選び方と準備

植え場所の選び方

イチジクの参考書には、「イチジクは乾燥にも過湿にも弱い果樹である」という説明が出てきます。

イチジクは葉が大きく蒸散《じょうさん》が盛んであると同時に、根の酸素要求量が多く、土の水分にたいしてはかなりぜいたくな性質を持っています。水やり設備がないために排水のほうを犠牲にし、あえて水はけの悪い場所を選んで植える場合もありますが、本来は必要なときに水やりができ、排水が良好な場所が理想です。

浅く掘ってぬかるんでいる土地は避ける

一般家庭の庭では、たいてい水やり設備があって水の問題はないでしょうから、なるべく排水のよい場所を選んでください。

また、**日当たりも重要**です。イチジク属の植物は、たとえばゴムノキのように弱光に耐える種が多く、樹自体は多少の日陰でもだいじょうぶです。しかし、日照が足りないと実のつきが悪く、品質も悪くなります。樹を育てるだけでは意味がないので、なるべく日のよく当たる場所を選んで植えつけてください。

庭植えでは、樹を大きくするための**空間がとても重要**です。品種や土壌条件によっても違いますが、比較的小型の桝井ドーフィンで1樹当たり10㎡、大きくなる蓬莱柿では1樹当たり35㎡ぐらいの地面を必要とします。

広いスペースを庭に確保するのはなかなかむずかしいので、枝を短く剪定すれば樹を小さくできると考える方が多いのですが、品種にはそれぞれ運命づけられた大きさがあって、短く切るほどに枝は反発して伸びます。これは俗に「あばれる」「落ち着かない」という状態で、実をならすには望ましくありません。

植え場所の準備

植えつけは春（3月）が一般的な時期なので、その1か月ほど前には植える場所を整備します。

樹1本につき直径1m、深さ30～

植え場所の準備

50㎝ほどの穴を掘り、掘り上げた土にバーク（樹皮）堆肥などの**植物性堆肥**を30ℓほど混和して埋め戻します。このとき、必要に応じて、土の酸性を矯正するための苦土石灰や、土壌養分を補うための有機質肥料を堆肥に混和しておきます。

❶ドーナツ状に土を掘り上げ、植物性堆肥を施す

❷混和して埋め戻す（必要なら苦土石灰を添加）

❸やせ地なら有機肥料を加えて再度混和する

❹植えつけまで寝かせる

ただし、野菜の栽培後などに植える場合、肥料や石灰が過剰になりがちです。とくに石灰が多すぎて土がアルカリ性に傾くと、肥料が効きにくく苗が栄養障害に陥る危険があります。前年まで石灰資材を施していた畑に植えるなら、石灰の施用は控えたほうが無難です。欲をいえば、あらかじめ植えつけ場所の土壌の状態を知っておきたいところです。

家庭でもできそうな簡単な土壌分析の方法を図示（65頁）しました。**pHとEC（電気伝導度）がともに高い場合は、石灰や肥料の施用は避け、**土壌改良を目的に、バーク堆肥のように肥料分をほとんど含まない**植物性堆肥だけを施して植えつけます。**

苗木の入手と植えつけ方

苗木の種類と選び方

植え穴を寝かせている間に苗木を入手しましょう。苗は、自分で挿し木してつくっておくこともできますが、ふつうは園芸店で買い求めます。最近ではネットで注文する方も多いことでしょう。

写真上・市販のポット苗（４月）、下・ポット苗（左）と素掘り苗

販売されている苗には、鉢で養成したポット苗と、畑で養成した苗を掘り上げた素掘り苗があります。

図３　素掘り苗の仮植え

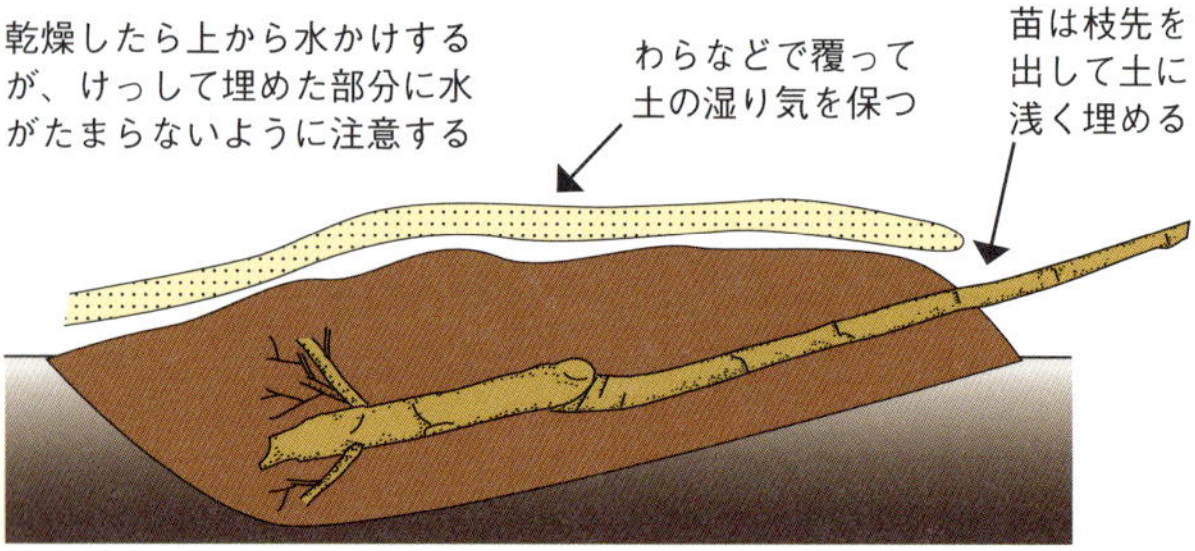
乾燥したら上から水かけするが、けっして埋めた部分に水がたまらないように注意する
わらなどで覆って土の湿り気を保つ
苗は枝先を出して土に浅く埋める

ポット苗は、根鉢を崩さなければ年じゅう植えつけできます。しかし、スムーズに生長させるには、根鉢を崩してからみついた根をほぐしたほうが望ましく、これができるのは春先などの限られた時期になります。

一方で素掘り苗は、根の多くが切りとられた状態で出荷されているので、植えつけ時期は限られるものの根をほぐす手間は省けます。根がむき出しになった苗は放置すると乾燥するので、植えつけまでに**日数がかかるようなら、いったん仮植え（仮**

ポット苗は年じゅう植えつけることができる

まったく同じ管理なのに発芽しない苗（左）。凍害の可能性がある

伏せ）をしておきます**（図3）**。

根のあちこちがコブのようにふくらんでいる苗は、ネコブセンチュウ（69頁）が寄生しています。

また、店頭で保管中に凍害を受けている苗もあります。凍害苗の場合は5月半ばを過ぎても芽が出ず、樹皮に細かいしわが入って枯れてしまいます。

同じように管理しながら、特定の苗だけ発芽しないときは、もとの苗に問題があったと考えられます。販売店に事情を説明してみましょう。場合によっては、返品に応じてくれるかもしれません。

植えつけ方のポイント

植え穴を1か月ほど寝かせた後で苗を植えつけます**（図４）**。鉢苗の場合は根鉢を崩して、からみついた根をほぐしておきます。

図４　苗木の植えつけ方

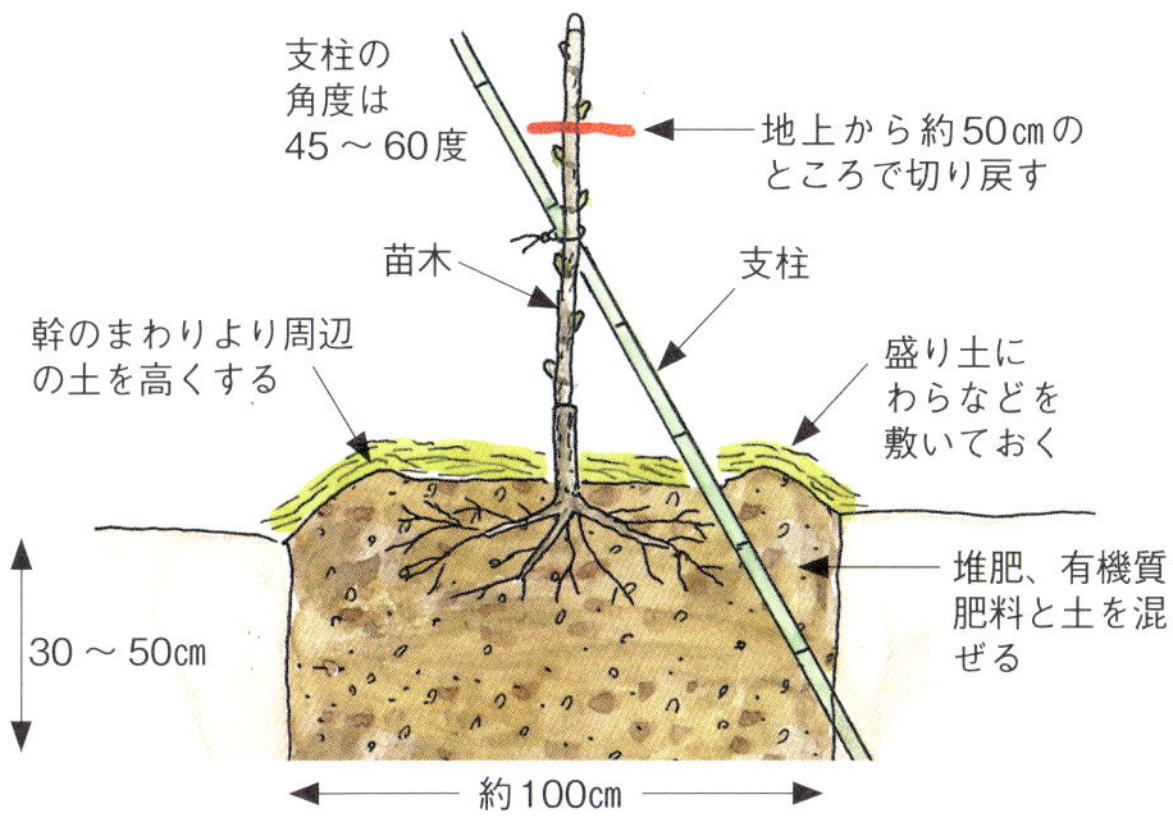

注意したいのは、**苗を深く埋めすぎない**ことです。とくに、排水が思わしくない土地では、根の一部が地面に沈む程度にしておき、周囲の土を寄せて、幹のまわりに盛ります。盛り土は周辺を高くし、中心部分（幹のまわり）にはあまり土を盛らず、押し固めて低くします。これは苗をしっかり支えるとともに、与えた水が盛り土から逃げるのを防ぐためです。

植えつけた苗は、幹が長い場合、**地上から50㎝ぐらいの高さまで切り**

苗を深く埋めすぎないように

手順

❶ごく浅く掘って苗をのせる

❷周辺の土を苗のまわりに寄せる

❸中心をくぼませて土を盛り、周囲をかためる

❹根元をしっかり押して低くし、苗を固定する

戻します。また念のため、強風などで苗が動かないよう、斜めに支柱を添えます。角度の目安は、地面にたいして45〜60度です。

植えつけ直後の水やりはじゅうぶんにおこないます。盛り土の中心に水がたまって一時的に池のようになる感じがよいでしょう。

植えつけ直後は、株元周囲に
水がたまるくらいにする

盛り土にわらなどを敷いておくと、乾燥や雑草の発生を抑える効果があります。また、晩霜が心配な場所では、防寒のため幹をわらで包んでおくと安心です。

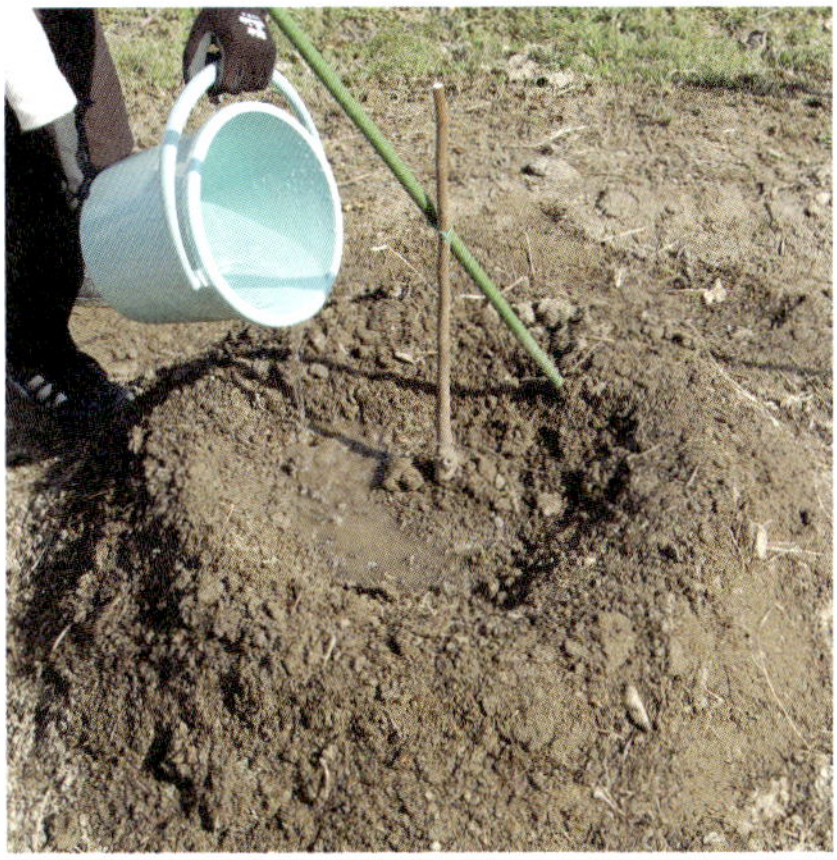

❼中心に池ができる程度に水を与える

❺長い枝は地上から約50㎝の高さで切り返す

❽土の乾燥を防ぐため、わらなどを敷く

❻念のため、45〜60度の角度の支柱で支えをする

わらは保温、保湿などに便利な自然のマルチ資材

わらはとても便利で合理的な自然素材です。身近には売られていませんが、大きめの園芸店やホームセンターなら手に入るでしょう。また、代わりに乾いた刈り草を使ってもよいでしょう。

植えつけ後の管理

植つけた後は、土壌が乾燥しないように水やりをします。水やりが必要かどうかは、ときどき苗周辺の土に指を入れてみて、土の湿り気を確かめるとよいでしょう。

植えつけした苗からは、4月下旬には新梢が吹き出します。このころになれば、ほぼ晩霜の心配もなくなるので、枝を包んだわらは取り外します。

数多く吹いた新梢は必要な本数を残して、芽かきします。その後も、必要に応じて芽かきをおこない、適切な水やりや除草を施せば、残した新梢は順調に伸び、条件がよければ秋果をつけてくれます。芽かきで残す新梢の本数や間隔などは次項の仕立て方を参照してください。

晩霜の多い地域では枝にも覆いをする

芽が伸びてきたら枝の覆いを外す

植え替えについて

庭のレイアウトの都合で、すでに植えられているイチジクを移動させたい場合があるかもしれません。枝を大きく切除（カットバック）し、できるだけ根を傷めないようにすれば、苗の植えつけと同じ要領で、移動・植えつけが可能です。

しかし、重い樹の移動には多大な労力を要します。また、結局は樹をカットバックするので、新たに苗木を準備して植えても、成木になるまでの年数はさほど変わりません。

ふつうに手に入る品種なら、無理な植え替えよりも新植をおすすめします。今ある品種をぜひ使いたいようであれば、挿し木をして、事前に子孫となる苗をつくっておくとよいでしょう（74頁参照）。

一方、衰弱した樹の更新や品種の変更などの理由で、今ある樹を植え替えたいときもあります。しかし、イチジクは連作するといや地（69頁）になることが多く、今の樹の跡地は避けて植えるほうが無難です。

跡地に植えた苗は生長が悪いことが多い

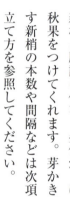

生育管理と仕立て方の基本

新梢伸長と基本作業

果樹である以上、果実は勝手に実るものなので、自然な樹の姿も楽しみたい場合は新梢は伸びるに任せ、観賞に堪えない見苦しいものだけ除くという考え方もあります。

とくに、夏果は剪定などしない樹のほうがうまく実をつけます。しかし、秋果は放置すると収穫しやすい位置に、大きくて質のよい実を成らすことができなくなってしまいます。そのため生産者は夏果を犠牲にして秋果だけを生産する栽培をおこなっており、本項でもその手法に沿った仕立てと枝管理（芽かき、不定芽の切除、ひこばえの切除、副梢切除、摘心、誘引、剪定）を写真で示します。

実際やってみないとなかなか理解しにくいかもしれませんが、いずれも果樹栽培の基本的な作業なので、まずはひととおり頭に入れておいてください。

切り口から出る乳液

なお、枝管理のときには樹体に多少なりとも傷をつけるので、決まって白い乳液が出ます。第3章で説明しますが、乳液にはタンパク質分解酵素が含まれていて、直接触れると肌荒れを起こすことがあります。

乳液がかからないように気をつけるとともに、もし触れた場合は、水

不要な新梢を早めに除く

芽かき：混みあった新梢を除く

枝の芽以外の部分から発芽する不定芽を除く

根元の不定芽であるひこばえを除く

で洗い流しましょう。素手でおこなうほうが作業は正確にできますが、肌が敏感な方は、水を通さないゴム製の手袋などを使って作業したほうが安全です。

杯状整枝の仕立て方

枝管理の手順は樹の骨格づくりである仕立てで異なりますが、もっとも一般的なものに杯状形という仕立て方があります。

1年目3本程度とし、2年目に3倍、3年目にさらに3倍という具合に枝分かれさせて樹の骨格をつくります。

そのさい、枝を適当な間隔と方向に分岐させるために、**春の芽かきとひこばえの除去、それに冬の剪定**をおこないます。

おおまかな手順を次頁の写真、および**図5、図6**に示しますが、枝の数や長さは厳密なものではなく一応の目安と考えてください。また、図は桝井ドーフィンの例ですが、大木

誘引・摘心・副梢切除

誘引：枝を適切な位置に固定する作業。枝の垂れ下がりや果実が揺れる葉に擦られて傷つくのを防ぐ

摘心：伸びている新梢の先端（生長点）を除く作業。ただし旺盛に伸びる新梢を摘心すると副梢が多発するので、あごかきが必要

副梢切除：伸びている新梢のわき芽（副梢）を除く作業。芽かきの一種で、あごかきともいう

剪定の基本

果樹栽培の基本技術で、単に剪定といえば冬場に枝を切ることを示す。年間に伸びた枝を根本まで切ることを間引き（右）、少し残して切ることを切り返し（左）という。間引きは不要な枝を完全に除くが、きちんと芽かきしていれば使う場面は少なく、切り返しだけですむことが多い

植えつけ１年目の枝管理（杯状整枝）

❶新梢が生えそろったら３～４本を残して芽かきする

❷後から発生する新梢や株元のひこばえを除く

❸こまめに除草する

❹残した新梢は放射状に斜め上に伸ばす

❺翌年２～３月ごろに前年枝（④で伸ばした新梢）を40～50㎝の長さまで切り返す

❻切り返した前年枝が翌年以降の主枝になる

図5　植えつけ２年目の枝管理(杯状整枝)

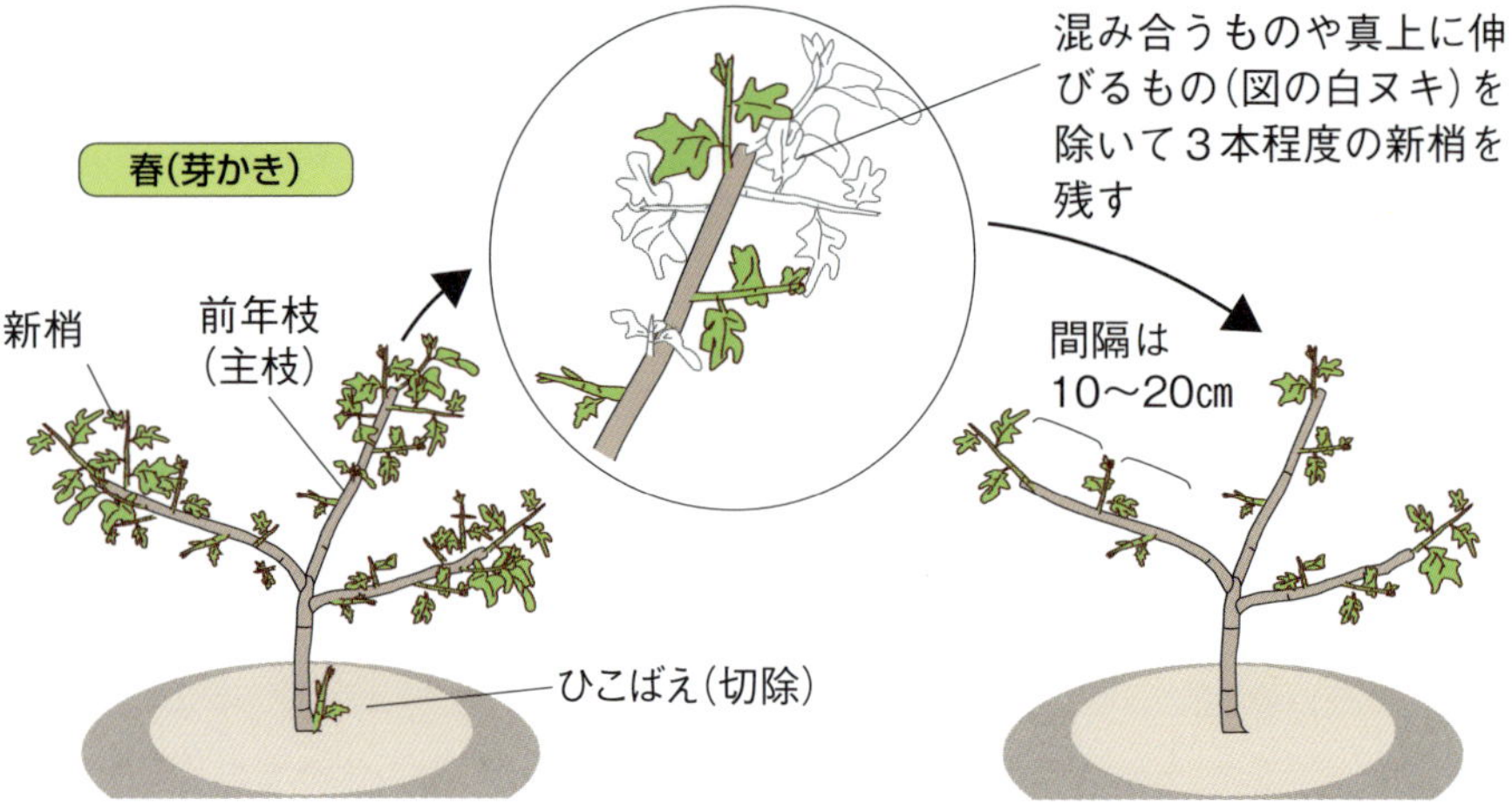

５月上旬には前年枝から新梢が多数出そろうので、芽かきして約３本ずつ(樹で約９本)に整える。

枝先ほど芽立ちが早いので、よく伸びたものだけ選ぶと新梢が枝先に密集してしまう。

小型でもよいので、間隔（10～20㎝）を空けて、なるべく互い違いの向きの新梢を選び、真上に伸びるものは避ける。ひこばえは早めに切除する

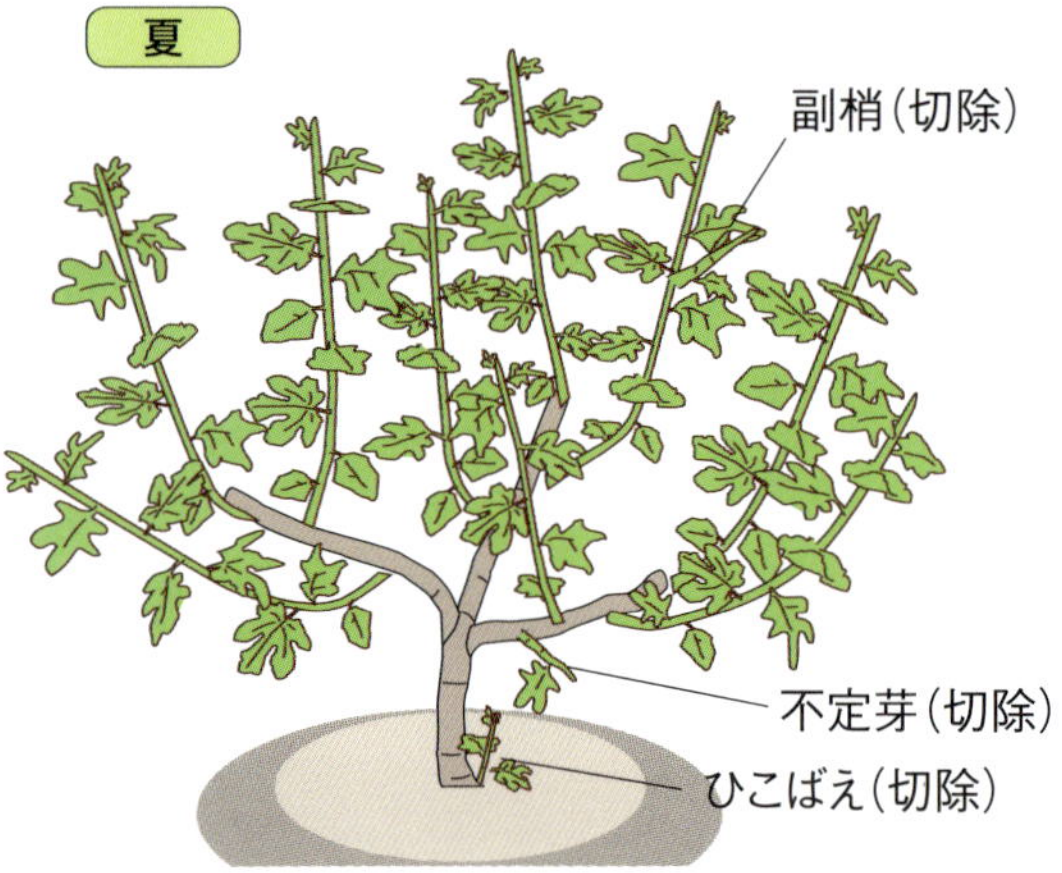

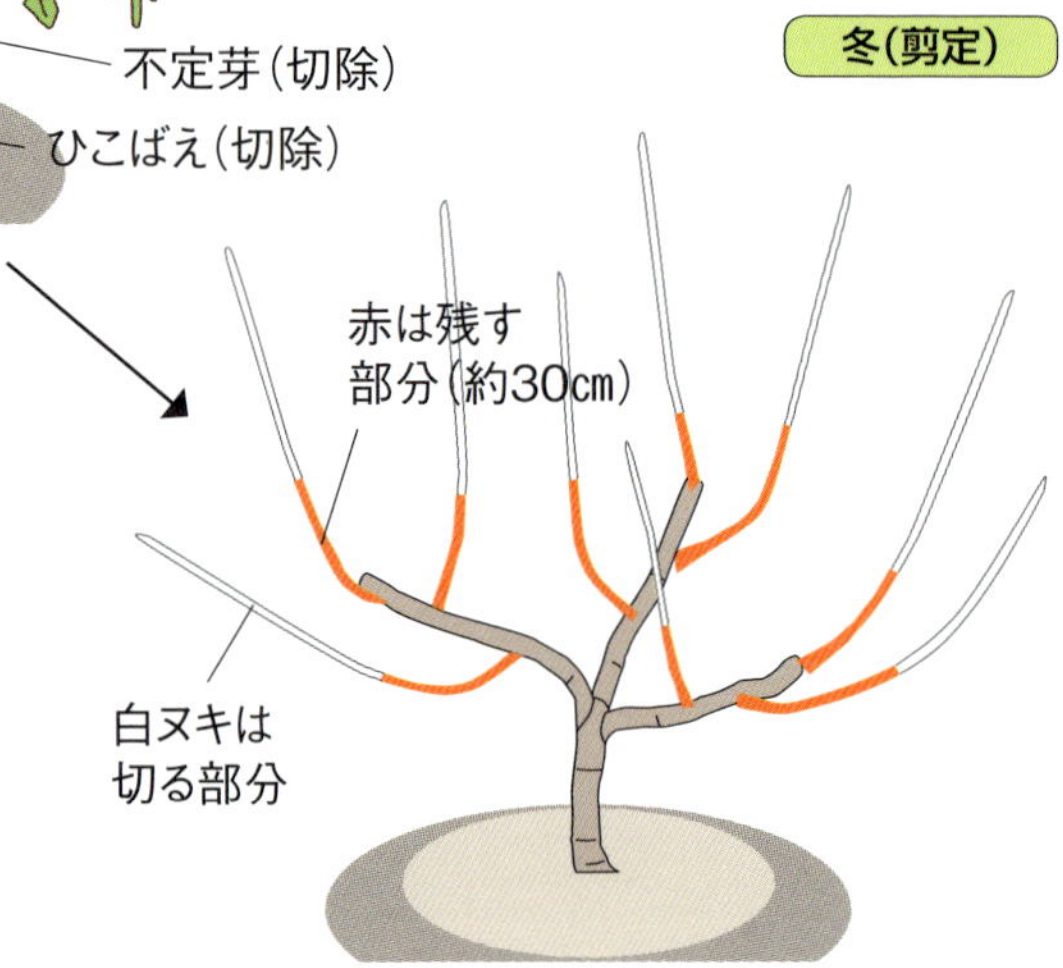

ひこばえ、遅れて発芽する新梢、副梢を早めに除去し、残した新梢だけが伸びるよう心がける。

新梢が垂れ下がって困るときは支柱などで支える。

秋には一定数の果実を収穫できる。冬に剪定をおこない、前年枝をそれぞれ30㎝前後まで切り返す

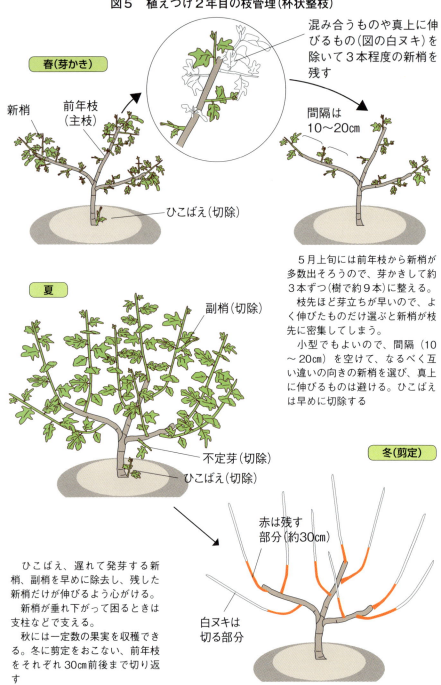

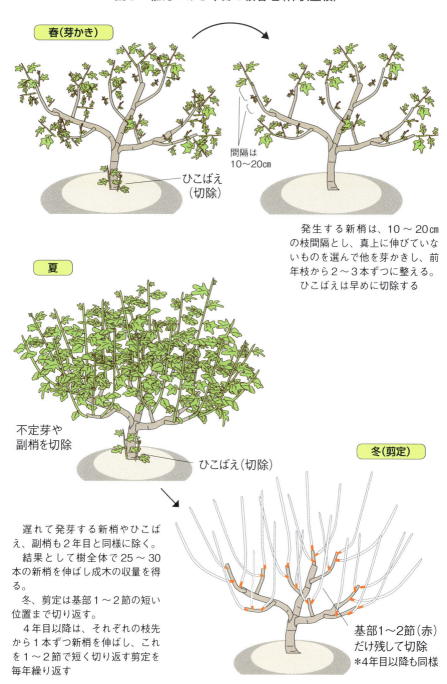

図6　植えつけ3年目の枝管理(杯状整枝)

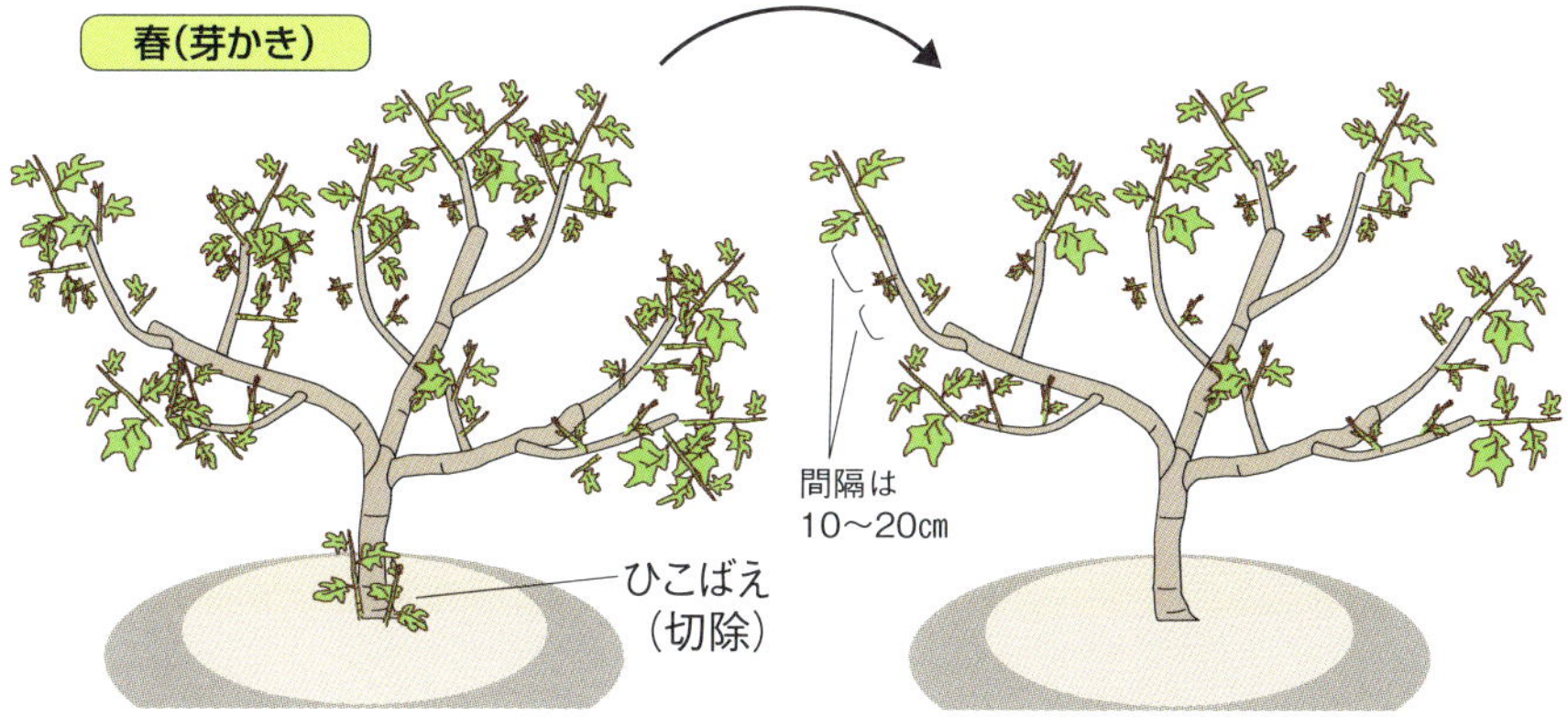

発生する新梢は、10〜20㎝の枝間隔とし、真上に伸びていないものを選んで他を芽かきし、前年枝から2〜3本ずつに整える。
ひこばえは早めに切除する

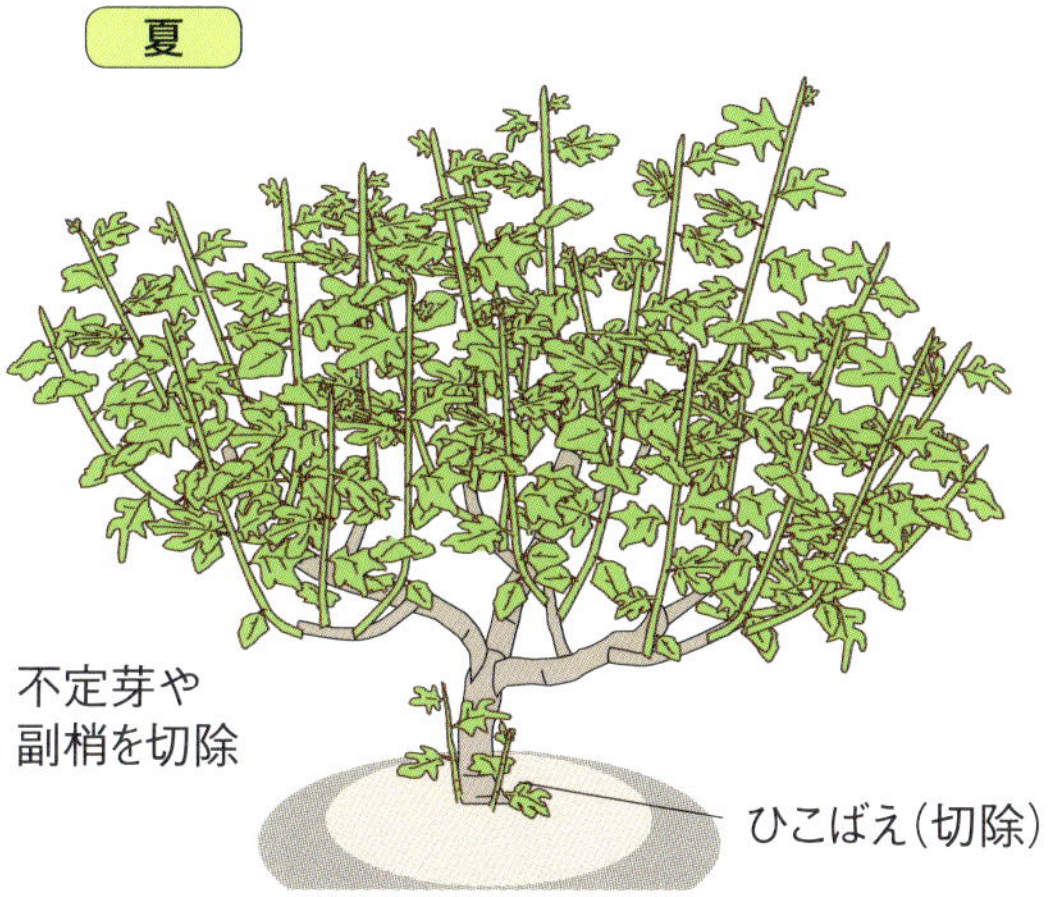

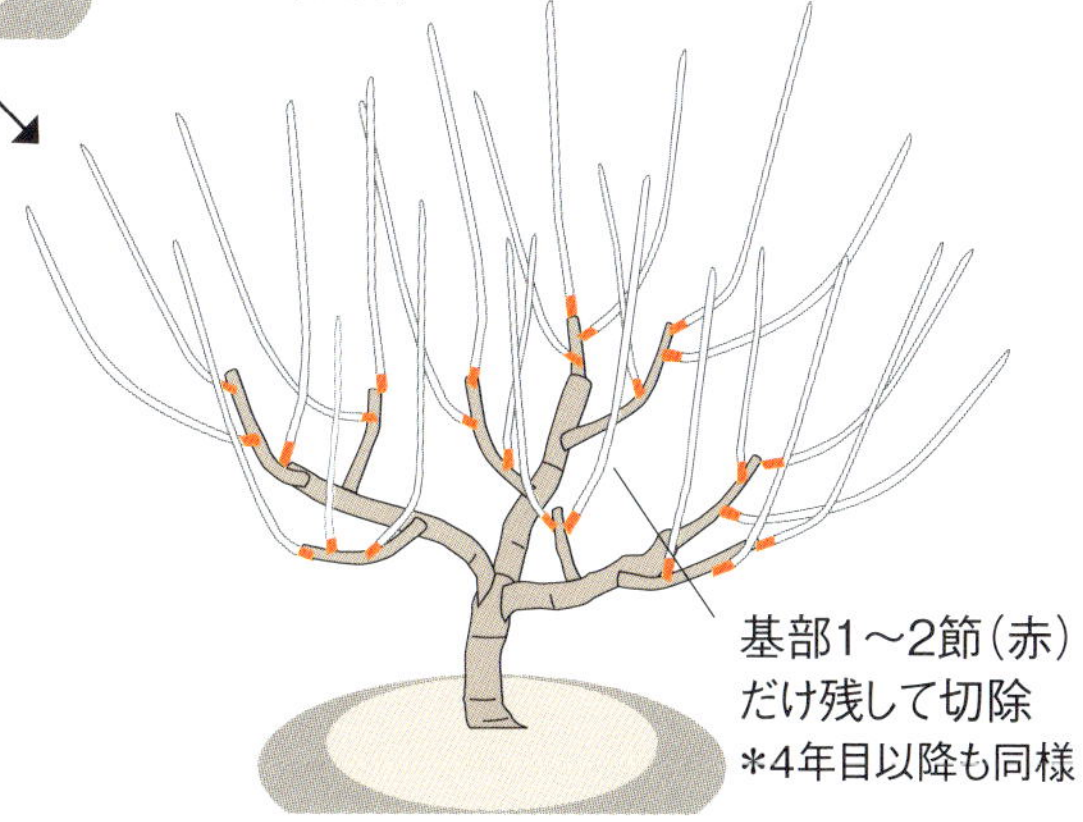

遅れて発芽する新梢やひこばえ、副梢も2年目と同様に除く。
結果として樹全体で25〜30本の新梢を伸ばし成木の収量を得る。
冬、剪定は基部1〜2節の短い位置まで切り返す。
4年目以降は、それぞれの枝先から1本ずつ新梢を伸ばし、これを1〜2節で短く切り返す剪定を毎年繰り返す

生産者の仕立て例（杯状整枝）

2年目

1年目

になる品種では枝の分岐も多く必要です。そのため、同じ樹齢でも骨格にする新梢はより長く剪定し、骨格完成までの段階（年数）を増やして、**樹全体を大きく**します。

骨格が完成したら、新梢はそれぞれの枝先から1本ずつにし、越冬後に短く切り返す剪定を毎年繰り返します。

こうして、**1樹当たり一定の新梢数（桝井ドーフィンでは25～30本）が維持**されます。樹の大きさもほぼ一定に保たれますが、短く切るとはいえ、旧枝は毎年少しずつ積み重なってうねるように長くなってきます。凍害やカミキリムシの食害でボロボロになることもあるので、ときには根元に近い新梢を長めに残してその先をバッサリ切り落とし（カットバックという）、樹の骨格を更新してください。

成木

一文字整枝の仕立て方

杯状整枝と並んで一文字整枝という仕立て方も多く見られます。

一文字整枝は読んで字のごとく2本の主枝を一直線に伸ばし、主枝からあたかもムカデの足のように枝を分岐させます。分岐した枝から新梢を1本ずつ伸ばし、収穫・越冬した後に**短く切り返す**剪定を毎年繰り返します。

植えつけ１年目の枝管理（一文字整枝）

❶杯状整枝と同じように植えつけた後、芽かきして２本の新梢を残しＶの字に伸ばす

❷枝がやわらかくなる翌年春（４月）を待ってから、地上40～50㎝に水平に渡した支柱などに曲げ降ろして一直線の主枝とする

❸主枝の先端は軽く切り戻しておく

この仕立ての最大の利点は、新梢の管理や収穫作業が機械的にできることです。主枝が凍害や日焼けに弱く、蓬莱柿のような強勢品種では枝の伸びがそろわないといった難点もありますが、作業性は抜群で桝井ドーフィンを栽培する農家の多くは一文字整枝を採用しています。

植えつけ1年目の枝管理（写真）、次頁で2年目と3年目の枝管理について紹介します**（図7、図8）**。**5mもの細長い空間を必要とし、**いかにも人工的な樹形なので、家庭向きかどうかは議論が分かれますが、樹というより畝で野菜をつくる感覚でイチジクを栽培するにはもってこいの仕立て方です。

作業効率の高い一文字整枝の園地（大阪府岸和田市）

図7　植えつけ2年目の枝管理（一文字整枝）

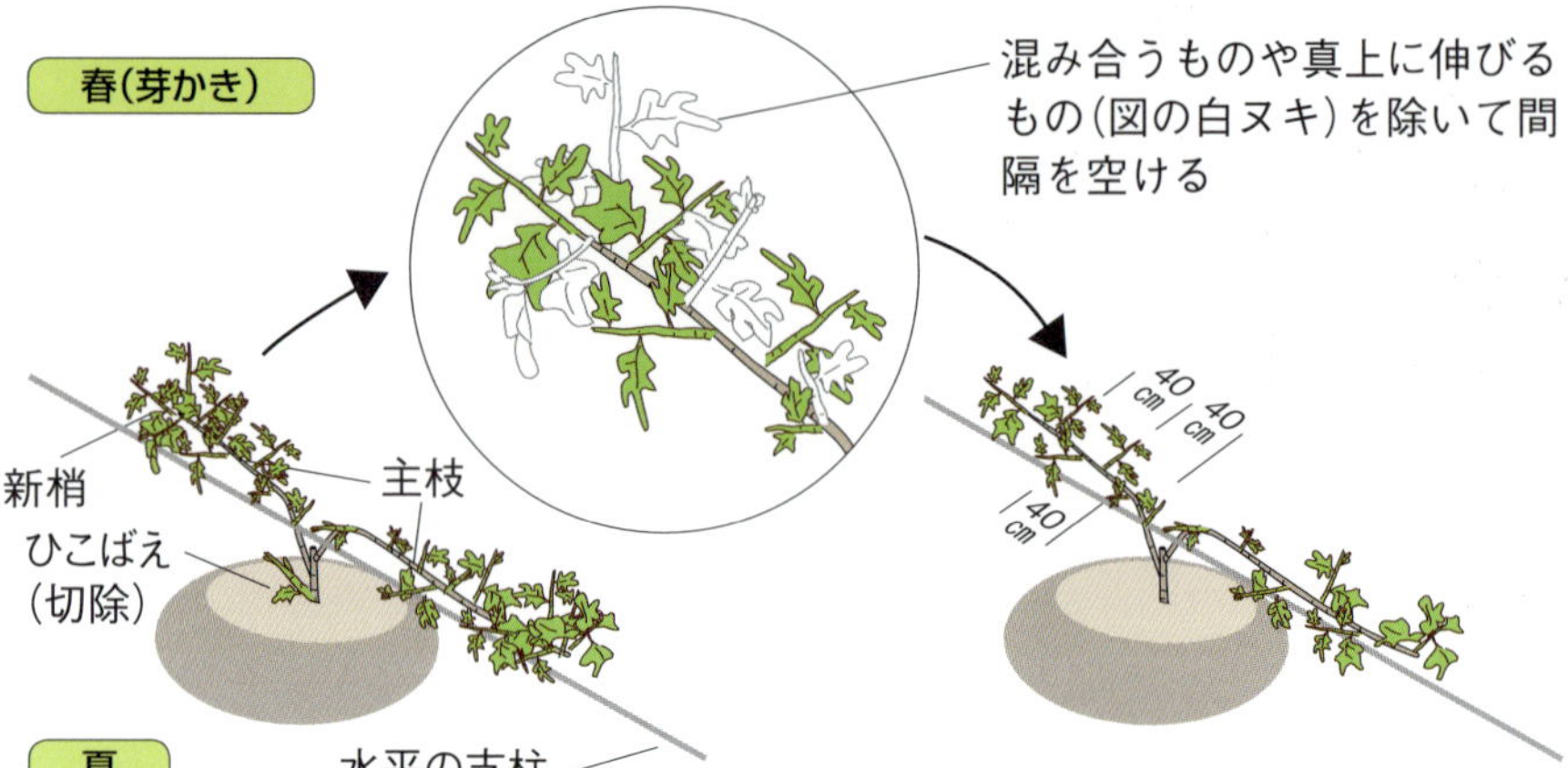

主枝から多数発芽する新梢を約20cm（片側40cm）間隔で残すよう芽かきする。

このとき、できるだけ主枝の側面から交互に伸びる芽を選ぶ。ひこばえは早めに切除する

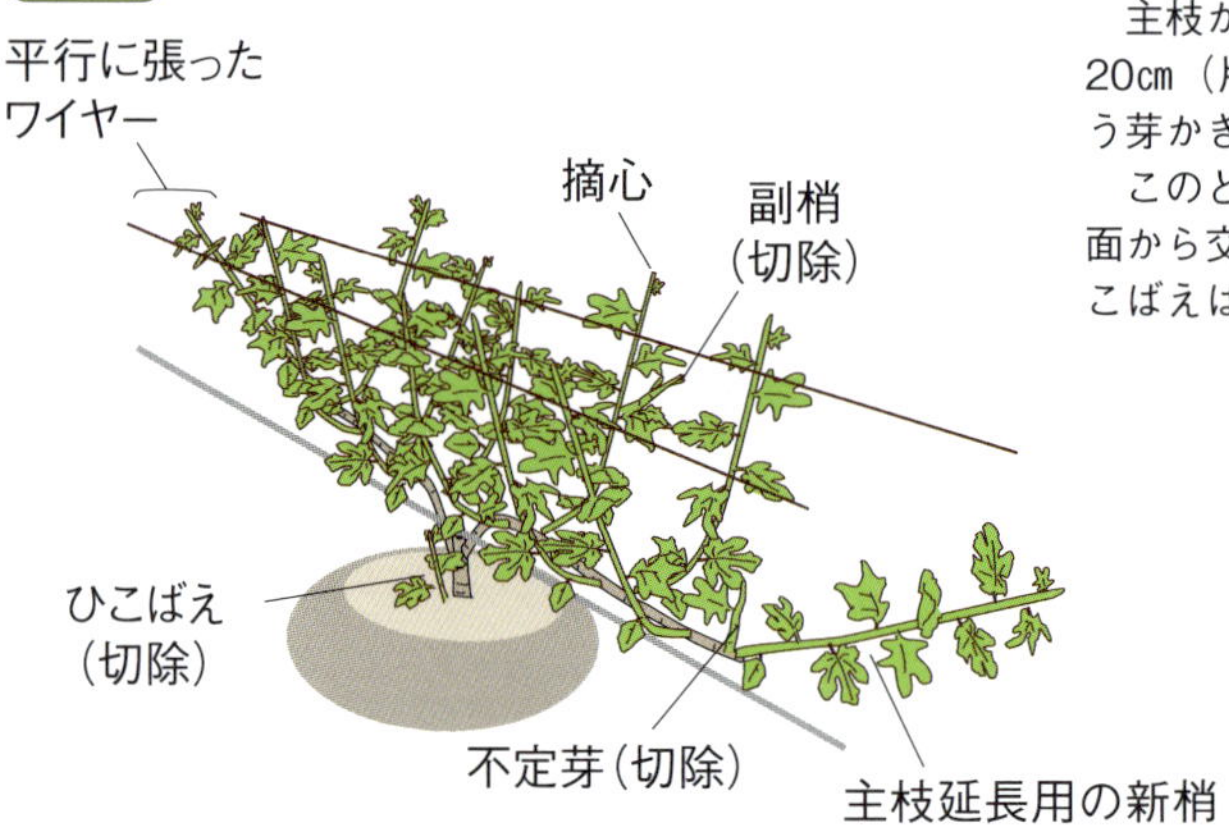

ひこばえ、遅れて発芽する新梢を除去しながら、残した新梢を伸ばし地上1.2～1.5mに平行に張ったワイヤーなどに誘引する。

新梢が伸びすぎる場合は先端を切除（摘心）するが、摘心後は副梢が出やすいので、その切除も併せておこなう。この年で成木の半分ぐらい収穫できる。

冬の剪定で20cm前後に切り返す。ただし、主枝先端の2本は1年目の要領で伸ばした後、水平にして主枝延長枝とする。ふつうはこの段階で主枝が目標の長さ（桝井ドーフィンは片側2.5m）を超えるので、主枝延長枝のはみ出る部分を切除する

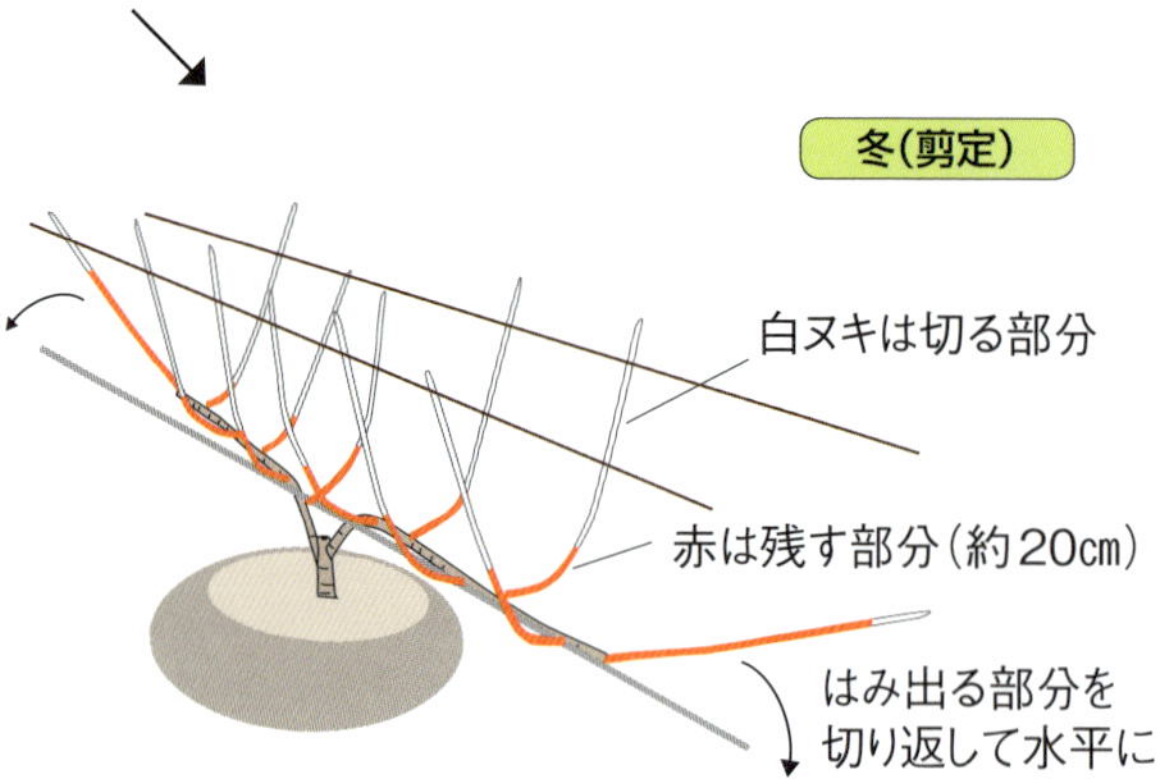

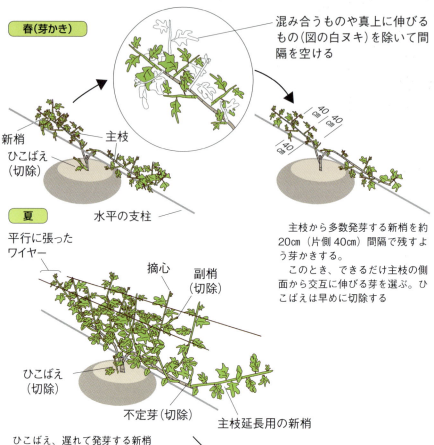

図8　植えつけ3年目の枝管理(一文字整枝)

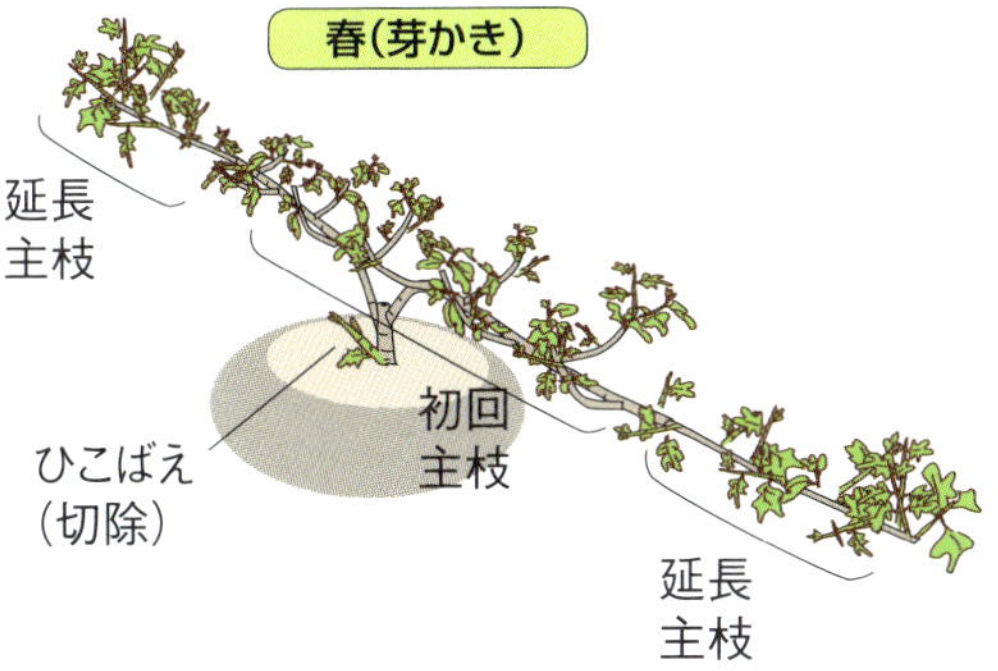

初回主枝から分岐させた枝からは1本ずつ、延長主枝からは、2年目と同様に約20㎝(片側40㎝)間隔で新梢を残すよう芽かきし、樹当たり25本程度の新梢を伸ばす。ひこばえは早めに切除する

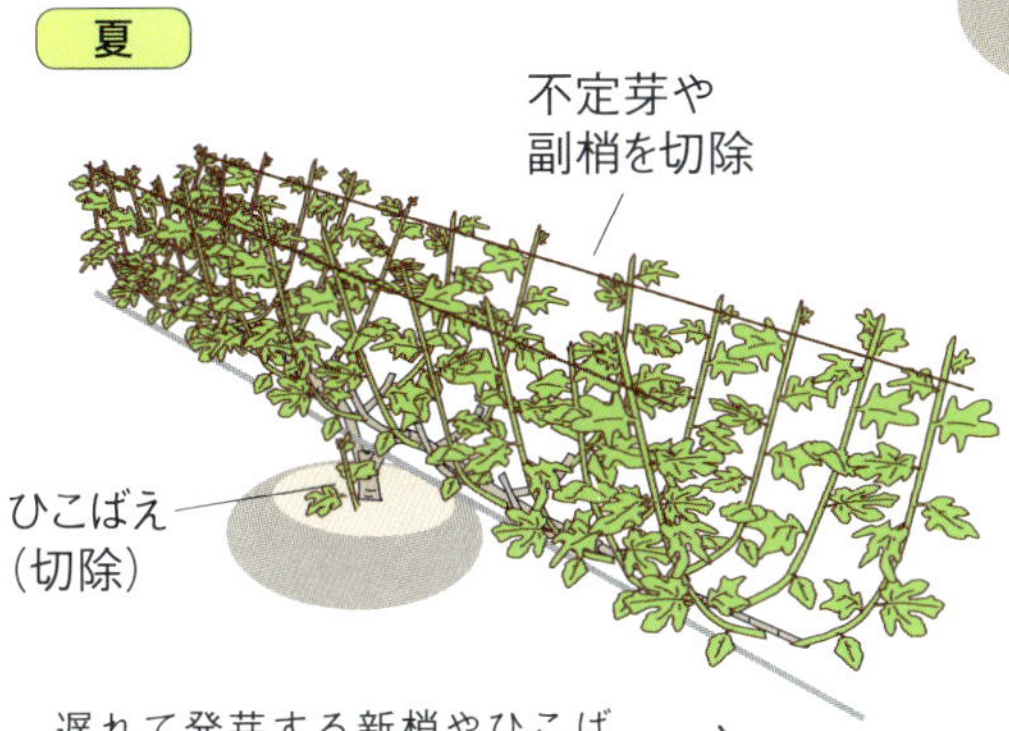

遅れて発芽する新梢やひこばえ、副梢の除去、新梢の誘引や摘心を2年目と同様におこなって、成木並みの収量を得る。冬期の剪定で、初回主枝部分は1～2節の短い位置まで、延長主枝部分は20㎝前後に切り返すが、もしこの時点で主枝の長さが目標に満たなければ、主枝延長(図7)を継続する。

以降は、主枝から分岐した枝先から1本ずつの新梢を伸ばし、これをすべて1～2節で短く切り返す剪定を毎年繰り返す

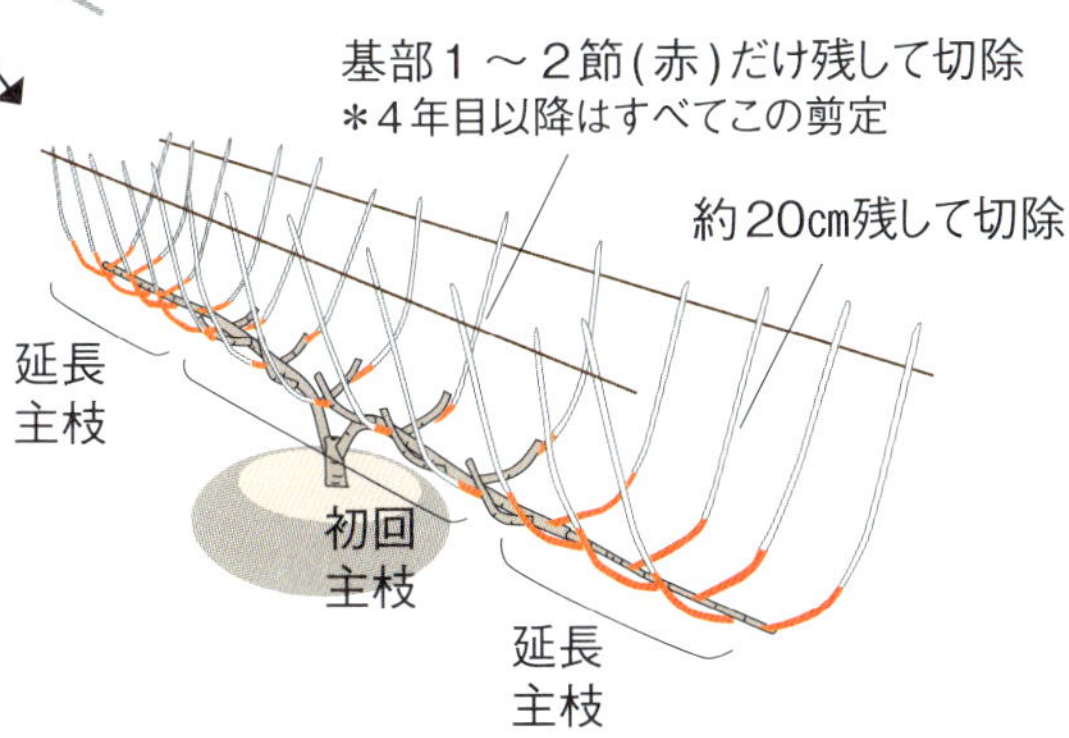

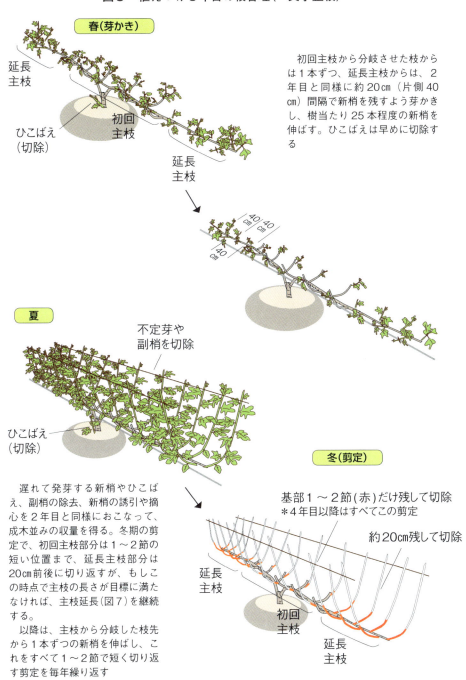

着果管理と収穫のコツ

果実の肥大・成熟

イチジクは基本的に実を間引く（摘果する）必要はありません。新梢の勢いが強いと、1か所（1節）に2個の実がつくことがありますが、そのまま実らせてだいじょうぶです。また、若木のうちは摘果するほうがよいと考える人もいますが、ふつうは問題ありません。

秋果は生長曲線（**図9**）で示されるとおり、急速に肥大する第Ⅲ期を経て成熟します。

なお、風当たりの強い場所では、落果、傷果が発生することがあります。これらの被害を軽減するため、生産者によっては10㎜目の防風ネットを設置しています。

防風ネットはヒヨドリ、ムクドリ、タヌキなどの鳥獣害を防いだり、クワカミキリの被害などを防ぐのにも有効です。鳥害を防ぐだけなら30㎜目の軽い防鳥ネットでじゅうぶんです。

双子果はそのまま実らせる

30㎜目の防鳥ネット

獣害を受けた果実

終盤（生長第Ⅲ期）の果実は7～10日で急速に肥大・成熟する

図9　イチジク（桝井ドーフィン）秋果の生長曲線

（平井、1966）

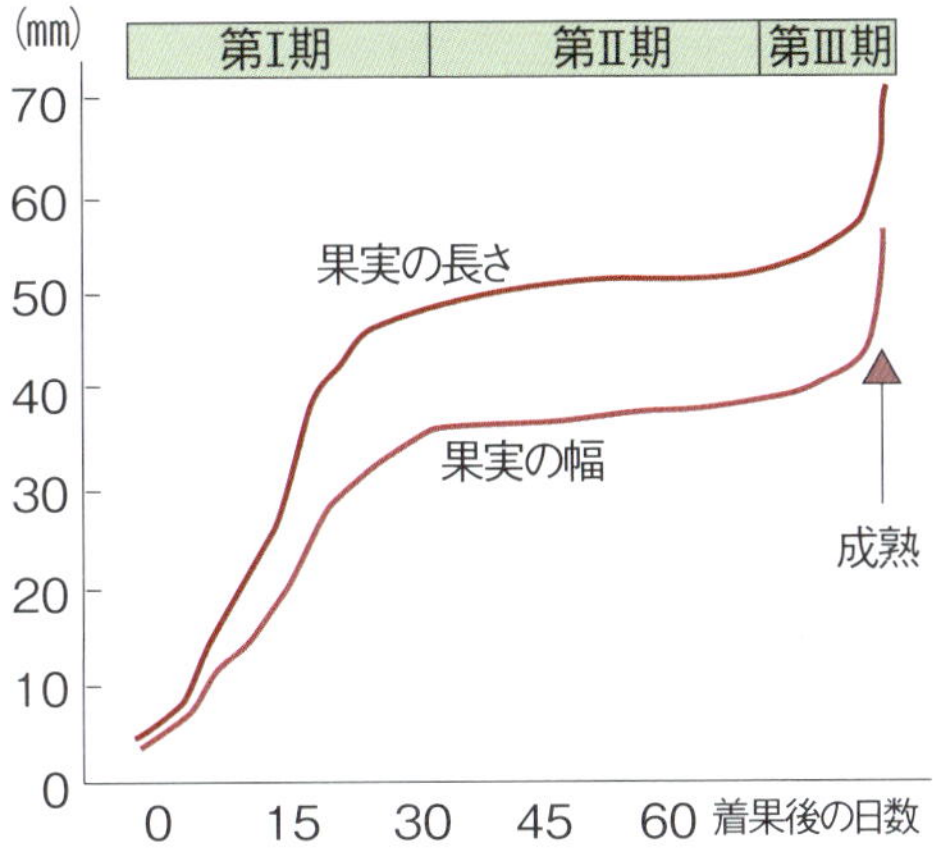

イチジクの果実は着果してすぐふくらむ第Ⅰ期を経ると、第Ⅱ期としていったん肥大が停滞する。その後、満を持したように急に肥大する第Ⅲ期を経て成熟する

熟期促進のための処理

イチジクの油処理（オイリング）という話を聞いたことがあるかもしれません。若い実（幼果）の先端に植物油をチョコンとつけると、果実は1週間ほどの間にみるみるふくらんで熟します。まるで、手品のような方法ですが、紀元前3世紀のギリシャ時代におこなわれていたという歴史のある技術です。

若すぎる幼果には効果がなく、生長第Ⅱ期の後半（果皮の緑色がやや黄色味を帯びてきたころ）が処理の適期です。

このころの幼果は、いつでも成熟できる生理状態になっていて、油処理がスイッチになって成熟が始まり、結果として自然任せより10～14日早く完熟に達します。現在は、油ではなく、

エスレル処理による熟期促進

同じような効果を持つエテホン（商品名：エスレル）という薬を使い、多くの農家がおこなっている技術です。

　もっとも、油やエスレル処理は成熟を早めるだけで、果実を大きくしたり品質を高めたりする効果はありません。処理の適期を見定めるのもむずかしく、あえて家庭の栽培で使う必要はありません。

　決まった予定があって、どうしても早めに収穫したいなど、特別な事情があるときにだけチャレンジしてみてください。

収穫適期は軽く握ったときのやわらかさで判断する

果実のつけ根を指で押すようにしてもぎ取る

収穫適期と収穫のコツ

成熟が近づいた果実は急に肥大して垂れ下がって色づきますが、色はかならずしも収穫の目安になりません。黄緑系の品種がわかりにくいのはもちろんですが、逆に濃い色の品種は熟さないうちに色づくので、色に惑わされて未熟果をもいでしまいがちです。

　確かなのは、手で軽く握ったときに手のひらに伝わる感触です。一般には果実の表面が耳たぶほどのやわらかさになれば適期とされますが、熟度の好みは個人差があります。

　品種や利用法によっても適期は違うので、まずはやわらかさを頼りに収穫を判断しましょう。実をもぐときは果実のつけ根に指をかけ、折りやすい方向に指先で押してもぎ取るとよいでしょう。

　樹高が高い場合、踏み台や脚立などを使い、果実を傷つけないようにしたり、けがをすることのないように注意を払います。

　収穫した果実は、発泡スチロールなどのクッション材を敷いたかご、ポリ箱に並べて入れ、ていねいに扱います。

　収穫時間帯は経済栽培の場合、第1章で述べたとおり、鮮度が勝負ということで深夜から夜中、早朝となりますが、庭先栽培では気温が上がる前の早朝から午前の早いうちに収穫したいところです。

経済栽培では収穫果を台車にのせたコンテナに入れたりする（大阪府羽曳野市）

乳汁による皮膚かぶれを防ぐため、ゴム手袋をはめて収穫

なお、前項でも指摘しましたが、収穫のときにもぎ取り部から乳汁が出ることもあり、皮膚の敏感な方は、薄手のゴムやビニール製の手袋をはめて収穫するようにします。

収穫果の味・日持ち

収穫果は成熟度の度合い、収穫時間や時期、置き場所などによって日持ちが違ってきます。

早朝に収穫し、風通しのよい涼しい場所に置いた場合、日持ちの目安は適熟果は1日、やや未熟果は2～3日、未熟果は4～5日ほどです。未熟果はしばらく置くと果肉がやわらかくなりますが、食味がよくなるわけではありません。

収穫した桝井ドーフィン

冷蔵庫に入れると適熟果、完熟果であっても5日間ほど鮮度や風味を保つことができます。

イチジクはほかの果実に比べて貯蔵性が劣るので、一部の主産地では長距離輸送による広域流通をはかるため、予冷・低温貯蔵施設を備えています。

収穫果は果皮が傷まないようにていねいに扱う

適切な水分管理と水やりの方法

水分管理を適切に

イチジクは葉が大きく吸水量が多いので、水を切らさないことが重要です。そのため土壌が深くまでやわらかく、じゅうぶんな排水性と保水性を持っていることが理想です。

しかし、現実にはなかなかそうはいきません。かたい土壌では、根はさらに浅く張り、ちょっとした乾燥でも害を受けやすくなります。反対に粘質で、つねに湿っているような土壌は湿害のほうが心配なので、水やりはできるだけ控えます。

いずれにしても、栽培している土の様子や葉の様子を観察しながら、臨機応変な水やりを心がけることが大切です。

水やりの目安と方法

水やりの目安は土壌によって大きく違いますが、たとえば、水はけのよい土壌や根が浅く張っている土壌で、晴天が続くときの水やりは、春と秋は10日ごと、夏場は3日ごとぐらいが目安です。一回の水量はたっぷりと、雨量にして10㎜程度を与えます。

水は葉にかけず、樹冠下外周部付近の地面にたっぷり施す

水やり道具に特別なものはありませんが、バケツやじょうろでは面倒です。ホースの先にノズルをつけて水道水を散水します。梅雨明けは、多湿の環境から急に日照りを受けるため、一時的に葉がしおれ、ときには果実がしなびることもあります。梅雨明け後、樹が乾燥に慣れるまでの間は、少しずつ頻繁に水やりをします。

一方、けっして望ましいことではありませんが、湿り気の多い粘質な土壌では、**湿害のほうが心配**です。水やりは植えつけ直後以外はおこなわず、梅雨明け後や盛夏期など、軽い葉のしおれが見られたときだけたっぷり水をやるという対応でじゅうぶんでしょう。なお、これらは地植えの目安です。

土壌管理と施肥のポイント

施肥にあたって

桝井ドーフィンの栽培農家では、1樹が年間必要とする窒素、リン酸、カリの3成分量をそれぞれ**表3**のように樹齢に応じて施します。

このうち窒素とカリは年間の半量、リン酸は全量を元肥として2月ごろに施し（油粕や骨粉などの有機質肥料）、残りは収穫終わりまでに2回ほどに分けて化成肥料で追肥するのが一般的です。

表3　イチジクの樹齢別の施肥基準

樹齢	窒素g	リン酸g	カリg
1年	40	20	20
2年	60	30	40
3年	80	60	80
4年	120	100	120
5年	140	120	160
6年以上	160	140	180

注：①桝井ドーフィン1樹当たりの成分量(g)
　　②兵庫県の基準（『果樹全書』農文協）をもとに換算作成

植物性堆肥を大量に施用

有機物・堆肥の施用

しかし、せっかく庭で栽培するなら、肥料よりも土づくりを優先してください。そもそも樹が必要とする養分は枯れ落ちた枝葉が分解されて土に戻るのが自然の成り立ちです。日ごろから刈り草や落ち葉などを腐熟させた有機物や、バーク（樹皮）堆肥など植物性の堆肥を樹冠下

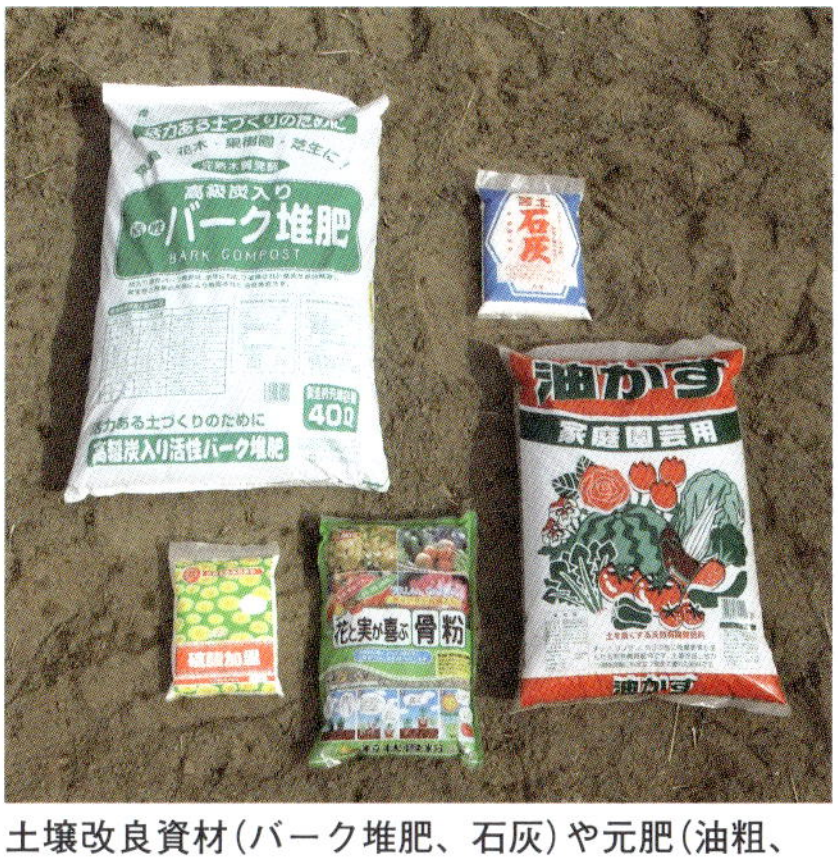

土壌改良資材（バーク堆肥、石灰）や元肥（油粗、骨ふん、硫酸カリ）

樹冠下へバーク堆肥を施用

植物性堆肥の投入で順調な生育

に施用しましょう。

施用時期は11～12月が適期で、地表に置くだけでも効果があります。含まれる養分はわずかですが、土の通気性や保水性が増し、養分を蓄える能力が高まるので、肥料を施さなくても樹は生長を維持できます。丹念な土づくりは手間がかかるので、大規模な生産圃場《ほじょう》では肥料に頼らざるをえないのですが、家庭で楽しむなら苦にはならないはずです。

もっとも、枝は伸びるけれど細い、根元に近い葉の緑色が薄い、枝の途中から先の実がつかなくなった、といった現象は肥料切れの証拠です。まずは取り急ぎ化成肥料で追肥し、翌年からは症状が出る前に施肥をしましょう。

イチジクはカルシウムを多く吸収するので、冬に石灰資材を施用することも有効です。ただ、石灰の過剰で土壌がアルカリ性に傾くと、微量要素が吸収されずに障害が起きることがあります。

家庭でできる土壌検査

少し専門的になりますが、できれば簡単な土壌検査をしてみたいものです。家庭でもできそうな土壌検査の方法を紹介しました。このうちEC（電気伝導度）は肥料分の濃さを、pHは土の酸性・アルカリ性を示します。

イチジクの場合、生育中のECが0・2mS（ミリシーメンス）を切るようであれば追肥をおこなったほう

簡単な土壌分析の道具と容器

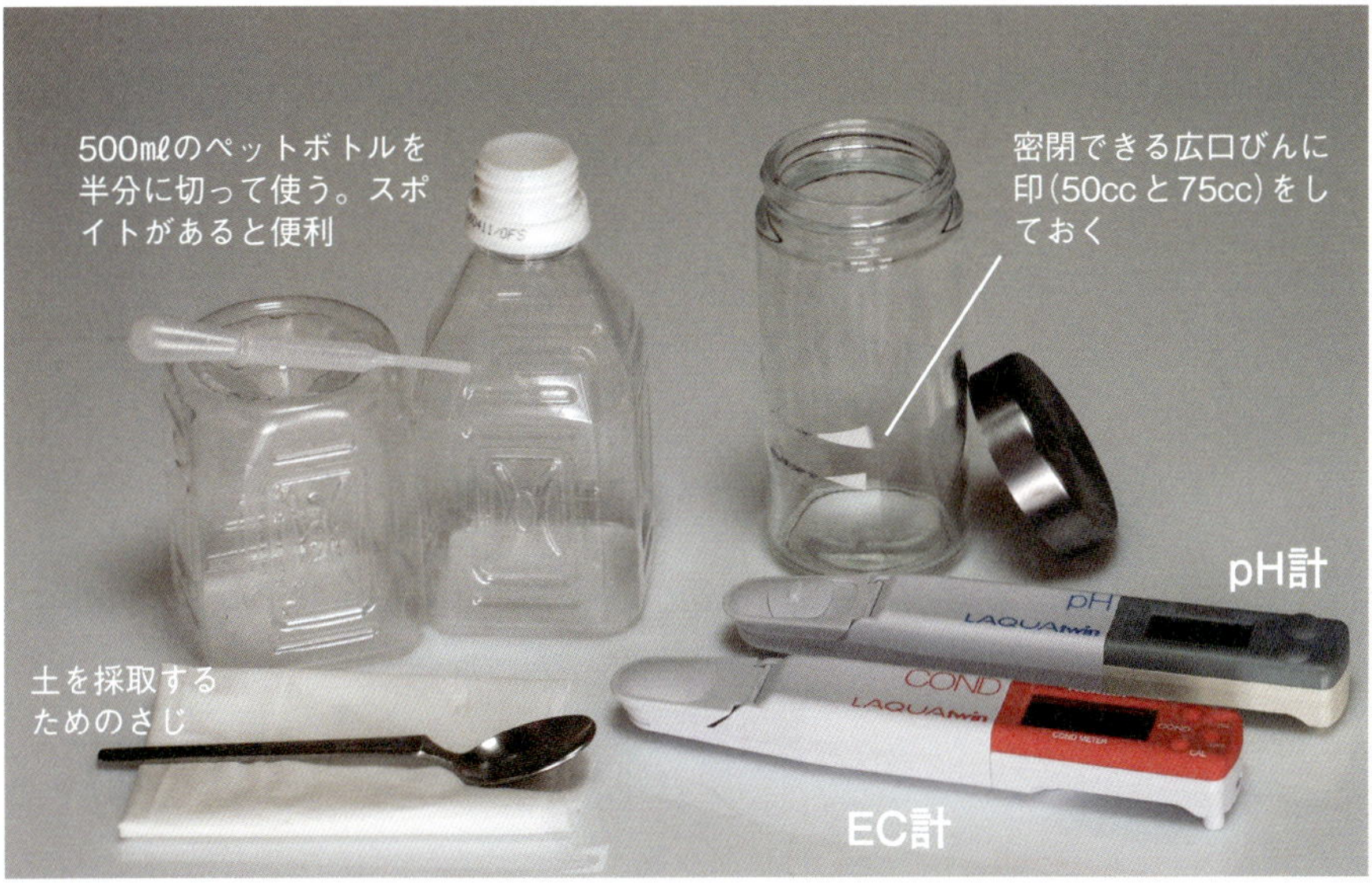

テスター（各1万～3万円）以外はあり合わせの日用品。瓶（約100cc。透明で密閉できる）にはあらかじめ50ccと75ccの位置にシールなどで目印をしておく

簡単な土壌分析の手順

❶清浄な水（できれば精製水）を50cc入れる

❷測定する土を、水面が75ccの位置になるまで入れる

❸２分間シェイクする（片手１分間ずつにすれば疲れなくてよい）

❹上澄み液を２枚重ねのティッシュでろ過する。正式にはろ過しないで測るがセンサーが傷みやすい

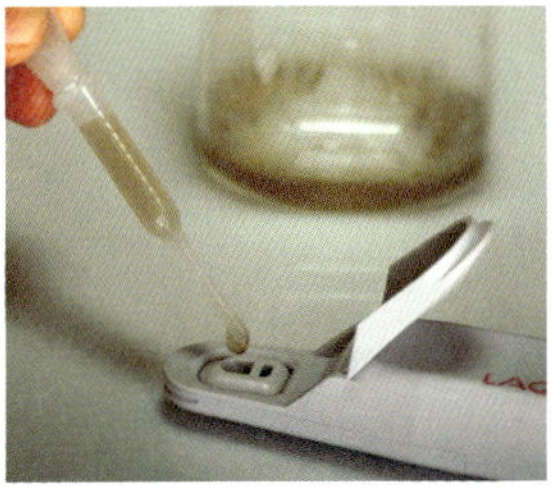

❺ろ液をスポイトで取ってテスターでECやpHを測定する（pHテスターはセンサーが劣化しやすい）

がよいでしょう。また、pHが7を超えたり（アルカリ性）、**pHは低くてもECが高い（土性にもよるが、およそ1・5mSを超える）ときは石灰資材の施用は控えます。**

病虫害・生理障害の対策

農薬に頼らずに防ぐ方法

家庭で果樹栽培を楽しまれる方々には農薬を使わず栽培したいと思われる方も多いことでしょう。

幸いイチジクは他の果樹に比べると病虫害は少ないので無農薬栽培も不可能ではなく、その意味でも家庭栽培向きの果樹といえます。ただやはりいくつかは困った被害が発生するときもあります。

クワカミキリ成虫

キボシカミキリ成虫

ここではとくに注意したい病虫害・生理障害などについて、なるべく農薬に頼らないで防ぐ方法を紹介することにします。

カミキリムシ類

カミキリムシの加害は成虫による食害もありますが、主には幼虫が枝に侵入して樹のなかを食い荒らす被害です。

クワカミキリの産卵跡。少しふくらんだ中央部（矢印）を爪先で押すと卵が弾ける

イチジクを加害するのはクワカミキリとキボシカミキリの2種類で、クワカミキリが6～7月、キボシカミキリが7～10月に成虫が出現します。少し勇気がいるかもしれませんが見つけしだい捕殺しましょう。

クワカミキリは新梢の元のほうにおよそ1・5㎝四方の四角い傷口をつくって、1個ずつ卵を産みます。爪を立てて盛り上がった傷口の中央（矢印）を押すと卵が弾ける感覚がわかります。**孵化して幼虫が枝に食い入る前に爪で押しつぶします**。

一方、キボシカミキリは産卵部位がわかりにくく卵をつぶすのは無理です。キボシカミキリは衰弱した樹を好むので、凍害や日焼けで枝が損傷しないようにしましょう。

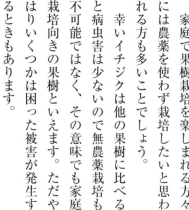

カミキリムシの幼虫が枝や幹に入ってしまった場合は、樹皮から木屑のようなふんを出します。

ふんの穴から針金を差し込んだり、専用の殺虫剤（商品名：園芸用キンチョール）を吹き込んだりして駆除します。

イチジクヒトリモドキ

イチジクヒトリモドキ幼虫

最近、南方から分布を広げてきた蛾《が》の一種です。

5～11月に何世代もの成虫が卵を産みつけ、孵化した幼虫（毛虫）が葉を食い荒らし、しばらく見ないうちに枝全体、ひどいときには樹全体を丸坊主にしてしまうことがあります。毛虫は小さいうちは葉裏に集団でひそんでいます。

日ごろよく観察して集団を見つけ出し、葉ごとに切り取って一網打尽にしましょう。どうしても捕殺に抵抗があるようなら、ペルメトリン乳剤などの薬剤を使ってください。

ハダニ

ハダニの被害葉

葉が光沢を失って細かい斑紋となって色あせているときは、カンザワハダニというハダニがわいている可能性があります。

ひどくなると果実も同じように色あせます、見つけしだい殺ダニ剤で駆除しましょう。もっとも、他の害虫駆除のための農薬散布が天敵を減らし、かえってハダニの発生を増やすことが多々あります。**むやみに殺虫剤を使わないこと**がいちばんの予防策です。

スリップス

スリップスの被害果

スリップスは正式には「アザミウマ」と呼ぶ微小な害虫です。

6月ごろに実の内部で咲いている花を目当てに実の先端の穴（目）から侵入して組織に傷をつけるので、その部分が褐変します。外観で被害を区別できず果実はふつうに熟してしまうので、生産者はとても神経を使い、6月ごろに薬剤で予防します。

しかし、褐変した部分は少し舌にザラつくものの、食べて害があるわけではありません。自家用に栽培するだけならスリップスは放置して問題ないと思います。

また、ほとんどの被害は8月中に熟す実に限られます。成熟が9月以降の品種や、桝井ドーフィンのような早生種でも9月以降に熟す果実に被害が及ぶことはまれです。

疫病

梅雨や秋雨期に発生しやすく、未熟なうちから果実の一部分が白い粉をふいたようになって水っぽく腐敗します。

被害果は早めに取り除きましょう。また、垂れ下がっている枝は引き上げて誘引し、混みすぎている枝を間引いて**風通しをよくする処置**を施せば、被害が大きくなることはありません。

さび病

その名のとおり、葉に赤茶けた無数の斑点ができる病気です。

主に秋に発生するので、おおむね収穫が終わっていれば放置しても実害はありません。ただ、夏に雨が多いと早くから発生して早期落葉を招き、後半の収穫に影響することもあります。夏の間に発生が始まるようなら、ヘキサコナゾール水和剤などで早めに防除しましょう。

さび病の被害葉

黒かび病

黒かび病は「水ぐされ」とも呼ばれ、成熟間近の実が酸っぱい臭いとともにぶよぶよに腐る病気で秋雨期に多く発生します。

チオファネートメチル水和剤などの殺菌剤で発生を抑制できますが、腐った実に集まるショウジョウバエが病原菌を媒介します。まずは、**熟した実を放置しないことが肝心**です。

少し面倒ですが、ストッキング生

黒かび病による水ぐされ

地のようなやわらかく目の細かいネットを成熟の1週間ほど前に果実にかぶせ、ショウジョウバエを遮断しておくと被害を防止できます。

ネコブセンチュウ

イチジクの樹冠下を掘り起こすと、根のあちこちに直径2㎜ほど、ときには1㎝近くあるコブができていることがあり、ひどい場合は樹勢が衰えます。

土に棲むサツマイモネコブセンチュウという微細な生物の寄生によるものです。いったん寄生を受けると取り除くのは困難で、新たに苗を植えてもすぐに被害を受けます。

まず大切なのは、**コブのついた苗を庭に持ち込まないこと**です。購入苗の根にこんなコブがあったら販売店に交換を相談してみましょう。もっとも、今栽培している樹にコブを見つけても落胆には及びません。コブだけで樹が枯れることはありません。

対症療法ですが、植物性堆肥をじゅうぶん施用して根が張りやすい条件を整えてください。樹勢が維持されてじゅうぶんに栽培を続けられるはずです。

いや地

毎年健康に伸びていた枝が、3年ほどの間に年々伸びなくなり、枯れはしないものの樹の衰弱状態が長年続くことがあります。

原因不明で、植え替えても回復しないことから「いや地」と呼ばれますが、どうやら土の微生物が犯人のようです。ネコブセンチュウと同じく植物性堆肥を大量に施用することで樹勢をいくらか補えますが、完全に解決するには、土を交換するか新しい場所での**植え替え**が必要です。

イチジク株枯病

ふつうに伸びていた新梢が急にしおれ、樹全体が完全に枯れてしまう病気です。

こちらも土の病原菌（カビ）の仕

ネコブセンチュウの被害根

いや地被害樹（手前）と正常樹（背後）

イチジク株枯病の被害

凍害による主枝の損傷

幼梢の異常（原因不明）

業で、根や幹の根元が腐ることによって生じます。菌が潜んでいるうちは病気を止められず、「いや地」と同じく土を完全に交換するか新しい場所での植え替え以外に方法がありません。

著者は長らく「いや地」や「イチジク株枯病」の抵抗性の研究をしてきました。最近は、これらの障害に抵抗力のある台木に接《つ》いだ苗が出回りつつあり、接ぎ木苗は将来のリスクを回避する意味があります。

ただ幸い、庭植えでイチジク株枯病が発生することはめったにありません。怖い病気ではありますが、あまり心配する必要はなく、台木を使わない一般の自根《じこん》苗でじゅうぶんでしょう。

＊

害虫や病気以外にも気温や養水分の過不足の害があります。原因不明なものもありますが病虫害と見まがうことがないように、主な障害と予防法を紹介します。

凍害

熱帯に先祖を持つイチジクは、もともと寒さが得意ではありません。とくに主要な品種の桝井ドーフィンは、寒さに弱いのが難点です。

寒さについては真冬の寒害よりも、春先の晩霜のほうが心配です。晩霜にあうと新梢が枯れ、枝の上面が壊死《えし》してボロボロにはげあがり、カミキリムシの攻撃を受けやすくなります。春は芽吹きの準備が始まり、樹の耐凍性が低下しています。また、放射冷却現象で朝は冬のように冷え込む一方で日中はかなり気温が上がり、この温度差が霜害を招くとされています。晩霜の多い地域にとってはしっかりとした予防が必要です。

対策としては少なくとも**主枝を守る意味でわらまきを施します**が、わらはなかなか手に入らないかもしれません。放射冷却と直射日光を防ぐという意味で、わらの代わりにアルミ蒸着フィルムや不織布で枝全体を包んでも効果があるとされています。

5月の声を聞くころには朝の冷え込みも和らぎ、新梢が多数伸びてきますので、わらなどの覆いは外してください。

葉の異常

新梢が伸び出すころ葉が縮れたように奇形になることがあります。

枝内の樹液流動が一時的に変調をきたしている可能性があるのですが、はっきりした原因や対策は不明です。もっとも、葉の障害は新梢の根元の数枚だけで終わり、後はふつうに回復することが多いので、しばらく様子をみてください。

一方、似たような症状に要素障害があります。地植えではめったに発生しませんが、用土が乾燥したり肥料が溶出したりしやすい鉢植えに多くみられます。

微量要素の欠乏で生長を停止した新梢先端

梅雨明け直後の葉枯れ

枝先の葉の緑が抜けて硬くなり、新梢の生長が止まる症状は、鉄やホウ素といった微量要素の欠乏で生じることがあります。とくに、有機質の少ない用土を使っている鉢植えでは、窒素、リン酸、カリの3要素だけでなく、**かならず微量要素を施用すること**を心がけましょう。

また、鉢植えに多いのは、梅雨明け直後に日射に慣れていない葉が急にしおれる障害です。葉の縁が枯れ込むこともありますが、一時的なもので土にじゅうぶん湿り気があれば被害は広がりません。

葉ずれによる果皮の障害

果実の異常

果肉の水分が失われスポンジのような状態のまま果皮が色づく障害があって、俗に「白熟《しろう》れ」と呼ばれます。原因ははっきりしませんが、梅雨明け期に多く、根が浅いことによる急な水分ストレスが疑われています。根が深く張るように土壌改良に努めましょう。

一方、緑色の幼果の表面に写真のような黒いあざができることがあります。これは病気ではなく、葉と果実が擦れあうことでできます。枝同士が混み合わないようにするとともに、必要に応じて新梢を支柱などに固定することで防ぐことができます。

問題の多い樹の再生への取り組み

一定数の新梢を均等に配置

あえて管理に問題の多い樹を再生した事例を紹介しましょう。

放置された「ひこばえ」が伸びてしまった
地面から直接出た枝を代替主枝にしたのは致し方ないが、地を這うように伸びている
凍害で幹が枯れ落ち、元の主枝も消失している

きちんと仕立てられていないので樹形はいかにも不格好です。しかし、50頁で示した樹形は基本的な形ではあっても、樹の形自体にはさほど意味はなく、大切なのは適当な長さの新梢を適当な密度に配置することに尽きます。

たとえば、桝井ドーフィンの場合は、1・2〜1・5mで伸びが止まる新梢を1㎡当たり2〜3本配置するのが理想とされていて、ふつうは10㎡程度の面積に25〜30本を分散して配置すれば、新梢はおのずと適度な長さに収まります。

いいかえれば、**一定数の新梢を一定の面積に均等に配置するという原則を守れば、樹の形自体は問わないと考えて差し支えないでしょう。**

1樹当たり15kgの収量に

樹形を問わないとはいえ、この例のように枝が地を這うようになると、地表の冷え込みで枝が凍害を受け、果実は雑草に覆われて疫病などを誘発する結果になります。

まずは骨格を支え上げ、新梢の密度と数を原則に近づける処置を施しました。おかげで樹は一人前によみがえり、完全とはいわないまでも、1樹で15kgぐらいの収穫が得られました。あまりよいことではありませんが、水分の多い土地だったので水やりはほとんど不要でした。また、問題にするような病虫害の発生もなく無農薬で栽培できました。

もし身近にこんな樹があれば、再生にチャレンジしてみてください。

欠点だらけのイチジク樹の再生

❶太い枝を４方向に選んで主枝とする（２月）

❷混み合う枝は間引き、長すぎる枝は剪定

❸主枝が低すぎるので、支柱を立て引き起こす

❹主枝にわらを巻き、春先の冷え込みに備える（２月）

❺土壌改良にバーク堆肥、元肥に有機質肥料を施す

❻成木並みの新梢数（25 ～ 30本）を目安に芽かき

❼ひこばえを切除。除草も欠かさない（６月）

❽遅れて発芽する新梢は２～３回繰り返して芽かき

❾垂れ下がる新梢は中央に支柱を立てて吊る

❿軽く礼肥を施し（10月）、冬には剪定（翌年２月）

挿し木は庭先でも簡単にできる

挿し木による繁殖

イチジクは、一般に挿し木で苗をつくります。挿し木は家庭でも簡単にできます。樹を増やそうと考えているなら、ぜひチャレンジしてください。

イチジクの枝は果樹のなかでも発根しやすく、ポイントを守ればまず失敗はありません。ただ、挿し穂の発根や発芽は品種によってかなり早晩があり、桝井ドーフィンのように早い品種もあれば、なかなか生長を始めない品種もあります。失敗かなと思うときもありますが、挿し穂が生きているようなら**気長に待ってみましょう**。忘れたころに芽が吹いてくるはずです。

挿し穂の採取・調製

挿し木の時期は3月下旬が適期で、写真の手順①〜⑨に従って実施してください。

まず、挿し穂に使う前年枝を挿し木する直前に採取します。やむをえず前年枝を冬の間に採取・冷蔵しておく場合には、濡れ新聞を巻いてビニール袋で包むなど、**適湿を保つ工夫**が必要です。

前年枝は20㎝ぐらいに切って挿し穂にします。このとき、切った挿し穂には、2節以上の節が含まれるようにします。挿し穂には前年枝のどの部位でも使えますが、先端部は発芽が早い一方で発根が遅れるので、避けたほうがよいでしょう。

発芽・発根の遅い品種では、挿し穂の根元側に発根促進剤を塗っておくと成功率が上がります。

挿し木の方法

調整した挿し穂は、鹿沼土のような、**肥料分が少なく保水性と通気性に優れた用土**をポットなどに入れて枝の6割ぐらい埋めます。このとき、土中と地表にそれぞれ1節以上を含むようにします。誤って**上下逆にしないように注意**しましょう。

じゅうぶん水やりしてから土を押さえて、挿し穂を固定します。ポットは直射日光が当たらない場所に置き、その後も乾燥しないよう**こまめに水やり**します。

風船のように丸くふくらむのは新

挿し木苗のつくり方

①２節以上の節を含むように約20㎝に切って挿し穂にする

②下部に発根促進剤を塗っておくと成功率が上がる（発芽、発根の早い桝井ドーフィンなどの品種は不要）

③鹿沼土などを入れ、挿し穂の６割ほどを埋める。土中と地表に各１節以上が出るようにする

④じゅうぶん水を与え、表面から土を押さえる

⑤夏果を見つけたら早めに切除する

⑥新梢がふたたび伸び出すころ、軽く肥料を施す

⑦新梢はよく伸びた１本を残し、芽かきする

⑧順調に生長したら、夏ごろには苗として植えつけができる

⑨仕立てを急ぐとき、摘心して出てくる副梢を新梢とする

梢ではなく夏果ですので、もし見つけたら早めに切除してください。

新梢は挿し穂の力だけで2～3枚展葉していったん生長が止まりますが、あらためて芽が伸び出せば根も順調に伸びている証拠なので、軽く肥料を施します。

新梢はよく伸びた1本を残して芽かきしてください。

順調に生長したら夏ごろ、苗として植えつけができます。**できるだけ根を切らないように**植えつけます。

仕立てを急ぐなら、残した1本新梢をすぐに摘心し、出てくる副梢を伸ばして新梢（2～3本）にします。

なお、挿し木はかならずしもこのとおりでなくてかまいません。湿り気さえ忘れなければ、かなり乱暴な方法でも苗がつくれます。

鉢・コンテナ栽培のポイント

限られた空間を生かす

地面のないベランダや屋上はもとより、庭でも大きな樹を伸ばすだけ場所は取りづらく、鉢・コンテナ植えで果樹を育てたいと考える人は多いことでしょう。

あたりまえですが、鉢・コンテナ植えが地植えと決定的に違うのは圧倒的に土が少ないことです。根を自由に張れないので、そのぶん枝葉の生長が抑えられます。1樹当たりの収量もそのぶん減りますが、限られた空間に樹を収めるにはこれがいちばんです。

鉢栽培でも熟果を味わうことができる

鉢・コンテナでの育て方

20ℓ仕立て鉢での栽培例の主な手順を78頁より写真で示しましたので、参考にしてください。

◆**用土**

用土にはなるべく通気性と保水性を兼ね備えた土を準備します。市販されている果樹用培土が手ごろで無

鹿沼土（左）とバーミキュライトの混合土は微量要素が不足しやすいが、通気性が長年保持される

有機物をブレンドした果樹鉢用の培土

果樹・庭木用の培土

果樹用のスリット鉢

難ですが、著者は通気性を長年維持できるように、鹿沼土とバーミキュライトを混合した土を愛用しています。

◆水やりと施肥

鉢・コンテナ植えは、土が少ないので**頻繁な水やりは欠かせません**。とくに夏場の水やりは毎日なので、留守中は自動給水に頼る必要があります。

また、たび重なる水やりで土の養分が流れ出すので、生長期間中（3～10月）はこまめに液肥を与え、肥料切れにならないように注意します。液肥の代わりにゆっくり溶ける緩効性の肥料を使うと頻繁な施肥の手間が省けます。あらかじめ緩効性肥料が配合してある培土なら、植えつけから2か月程度は施肥は不要です。

肥料には3要素（窒素、リン酸、カリ）だけでなくマグネシウム、マンガン、鉄、ホウ素といった微量要素が欠かせません。

とくに、鹿沼土バーミキュライト混合土のように有機物をほとんど含まない土は、通気性に優れる一方で微量要素が欠乏しやすい欠点があります。緩効性肥料には3要素のみの製品も多いので、**微量要素剤をかな**

栽培ポイント

❶苗を準備し、根がからんでいたらハサミなどでほぐす

❷根を四方に広げる（夏場はダメージがあるのでほぐさない）

❸鉢底に軽石などを敷き、鉢の半分ほどに用土を入れる

❹苗を立て、残りの用土を入れて植えつける

❺たっぷり水を与えて、土全体をおしかためる

❻ a 幹を切り返す（通常は地面から20㎝ほどの高さ）

❻ b より低い位置から新梢を伸ばしたいときはさらに短く切る

❼４月下旬ごろには発芽が始まる

❽５月には２～３本残して他を芽かきする

⑨施肥には緩効性肥料が便利

⑩有機物が少ない用土では、かならず微量要素を添加する

⑪水やりは春、秋は週に１～２回、夏場は毎日必要

⑫留守にするときは、自動灌水を工夫する

⑬ひこばえを見つけたら、ただちに除去する（６～７月）

⑭長く伸びた新梢には、支柱などで支えをする（７月）

⑮条件がよければ、植えた年にも着果してくれる

⑯新梢を根元２節ぐらいまで切り返す（翌年２～３月）

⑰翌年２月ごろから施肥を始める

らず併用するよう心がけましょう。

◆新梢の密度と長さ

鉢やコンテナの大きさ、つまりは用土の量で樹の大きさが変わるので、新梢の数もこれに合わせます。

たとえば桝井ドーフィンであれば、20ℓ鉢で新梢2〜3本を目安とし、より大きな鉢なら、そのぶんだけ新梢の数を増やします。理想的な新梢の密度と長さは鉢植えでも同じなので、それがかなうように**鉢やコンテナのサイズに合わせた枝数**を決めていると考えてください。

鉢植え樹の成葉（10月）

剪定の要領

剪定の要領も地植えと同じです。前年の新梢を3月ごろに基部1〜2節で短く切り返し、発生する新梢が1本ずつになるように**芽かき**をします。

独特の風味を持つ適熟果、完熟果

鉢はかならず**日当たりのよいところに置いてください**。また、土の上に置くときは、根が鉢底を貫いてしまわないよう、ブロックなどをはさんで**鉢を地面から少し離します**。

プラスチック鉢での栽培例

植えつけの年はなかなか実がつきませんが、2年目からは収穫が楽しめることでしょう。

著者の経験では、少なくとも10年は植え替えせずに栽培できました。通気性に優れた用土で肥培管理を怠らず、**短く切り返す剪定**を繰り返していれば、樹が年々弱る心配はないと思います。

第3章

イチジクの成分と利用・加工

独特の風味を持つ適熟果、完熟果

イチジクの成分と機能性

食生活の根源の果実

熱帯に住むサルたちが、梢《こずえ》を巧みに渡りながら、おいしそうに木の実をほおばっている映像を見ることがあります。そして、こんなときの木の実には、たいていイチジク属の植物が登場します。

第1章の冒頭では、人間生活においてイチジクがいかに古い歴史を持つかを話しましたが、イチジクは人間というより霊長類としての歴史から語られるべき果物かもしれません。

そんなわけで、人類の食生活の根源ともいえるイチジクについて、まずは食物としての特徴を紹介し、おいしい食べ方に話をすすめたいと思います。

晩秋の果実は扁平だが、果肉にはペクチンが多い

主な栄養分

イチジクの果肉は85％が水分、11％が糖分です。エネルギーは１００gあたり54㎉キロカロリーで、バナナの3分の2程度です。

可食部が１００gのバナナ（中1本）と１５０gのイチジク（中3個）がほぼ同じエネルギーということになります。酸はごくわずかで、カリウムなどのミネラル分を豊富に含んでいるところはバナナとよく似ています。

しかし、甘味の種類は異なっていて、バナナはショ糖（砂糖）が70％ですが、イチジクはブドウ糖と果糖が50％ずつです。そのためバナナの甘味は重たい舌に残るものですが、イチジクはすっきりとした後に残らない甘味で、冷やして食べるとよりおいしくなります。

また、ほかの果実に比べてカルシウムの含有率が高いものの、ミカンやネーブルと同等程度ですから、主要なカルシウム補給源としてあてにすることはできません。

食物繊維を多く含む

イチジクの実には食物繊維が多く含まれています。

食物繊維は水溶性と不溶性に分けられ、水溶性食物繊維はコレステロールや老廃物、カドミウムなどを吸着し排泄する効果があり、不溶性食物繊維は胃腸内容物のかさを増し、消化吸収を緩やかにします。

両者の作用により血糖上昇抑制効果や脂質代謝改善効果などが期待されるほか、腸内細菌環境を整え、大腸がんのリスクを低減し、排便促進および下痢改善の効果を有します。イチジクには水溶性も不溶性もどちらも多く含まれています。

漢方の記述では、イチジクの効能として消化促進、解毒、下痢抑制などが挙げられています（上記の機能性は適量摂取が前提ということをお忘れなく）。

さらにつけ加えると、水溶性食物繊維としてペクチンが多いのがイチジクの特徴です。ペクチンは糖や酸とともに加熱するとゼリー状となるため、ジャムづくりに適しています。ペクチン含量はイチジクの品種や果実の収穫時期によって差があり、秋深まってから取れる果実にとくに多いようです。

みんな喜ぶイチジクジャム

フィシン（酵素）

イチジクの白い乳液にはフィシンという酵素が含まれています。フィシンがイチジクを代表する成分であることは、その名がイチジクの英名（Fig）に由来することからもわかります。

この酵素は、イチジクの樹全体に含まれていて、タンパク質を強力に分解する能力を持っています。そのため、乳液に触れた皮膚が荒れて、ときに傷が残ることもあります。

イチジクの扱いになれた生産農家でも、皮膚を保護して作業しないと、アザをつくる羽目になります。

このように、ちょっと困ったフィシンですが、この作用を逆利用して、枝や葉の乳液をイボの治療に使う民間療法もあります。

また、フィシンが肉料理をやわらかくしたり消化を助けることがよくしられています。豚肉や鶏肉のソテーにイチジクソースをかけたり、焼肉やステーキのデザートにイチジクを食べるのは、効果的な食べ合わせといえるでしょう。

枝の傷口から出る乳液

ポリフェノールなど

昨今は、ポリフェノールの抗酸化作用や生理活性機能が注目されてますが、イチジクにもルチンやクロロゲン酸など何種類かのポリフェノールが含まれています。

イチジクの主要色素はアントシアニンで、皮の色が濃い品種ほど果肉の色も濃く、抗酸化作用も高い傾向があるということです。

イチジクは肉料理のデザートにピッタリ！

セリなどにも含まれるプソラレンやベルガプテンといったポリフェノールは降圧作用があるといわれています。一方、皮膚炎を引き起こすとされ、イチジクの乳液に触れた皮膚がただれるのは、フィシンに加えてこれらの成分も関与していると思われます。

そのほか、芳香成分であるベンズアルデヒド誘導体が含まれていて、正確には確かめられていませんが、がんの抑制に効果があったとする報告もあるようです。

このようにイチジクには数々の健康によいとされる成分が含まれていますが、食事全体の栄養バランスを考慮し摂りすぎに注意しながら、日々の食生活にとり入れて楽しんでいただきたいと思います。

イチジクの食べ方と利用加工

イチジクは、果肉のやわらかさと、酸味が少ないやさしい甘さが特徴です。また、鮮やかな赤色と乳白色の果肉が美しく、洋菓子等の飾りなどに多く使われています。

流通する時期が限られているため、初夏から秋にかけた季節限定の味が楽しみとなっています。

そのままの味を楽しむ

まずは、ストレートに生のまま味わってみましょう。食べ方に特別なルールがあるわけではありませんが、写真で示したように、先端を下にして片手で持ち、軸の部分からあたかもバナナのように皮をむいて口に運びます。手や口の汚れを防ぎながら、むだなく果肉を味わえると思います。

軸の部分からむきはじめる

バナナのようにむいて食べる

また、皮ごと縦半分に切り、スプーンですくって食べるのもお手軽で立食やテーブルデザートに向いています。

また、小果品種の場合は、軸をつまんで皮のままほおばってみましょう。皮の表面が多少舌にざらつくかもしれませんが、これ以上簡単な食べ方はありません。皮の風味が加わり、さらに濃厚な味に出会えます。

とくに、完熟した実はやわらかすぎてふつうに皮をむいて食べるのは無理ですが、皮のままならうまい具合に皮が果肉を包んでくれます。小さな実を少し過熟になるまで待って収穫し、丸ごと口に入れてみてください。皮が弾けて口のなかに甘い果汁が広がる感じを楽しめます。

市販では、こういった果実はまずお目にかかれません。庭先果樹ならばこそというぜいたくな食し方といえるでしょう。

ジャム

イチジクはペクチンが豊富です。初心者でも、意外に短時間で簡単に上品な風味のジャムをつくることができます。

果肉がやわらかいため、皮をむいてから6分の1割りや4分の1割り程度のザクッとした大きさでつくってもジャムになり、果肉そのものの食感を楽しめます。もちろん、細かく切ってつくればトロトロのジャムになります。

できたてジャムの新鮮なおいしさは格別です。煮沸消毒した瓶に詰めてから殺菌すれば、数か月間保存することができます。

イチジクのジャム

煮沸消毒した瓶に詰める

やさしい甘さが手づくりの魅力

材料

イチジク（皮をむいて）500g、グラニュー糖150〜200g（好みの甘さに）、レモン汁大さじ1、好みでブランデー大さじ1

つくり方

❶イチジクは皮をむき、6分の1割りや4分の1割りの、好みの大きさに切る。

❷ホーロー鍋に①を入れ、グラニュー糖をふり混ぜて水分が出るまで20〜30分置く。

❸レモン汁を②に入れて、強めの中火にかける。

❹煮たったらアクをとりながら10〜15分煮込む。はねてきたら少し火を弱めるが、木べらでたえずかき混ぜる。鍋底に一の字が書けたと思ったらすぐ火を止める。

❺（好みで）あら熱がとれたらブランデーを入れる。

メモ

シナモンスティック1本を入れて煮たててもおいしい！　イチジクを2分の1割りにしてから1㎝厚さにカットする、またはマッシャーでつぶしてからつくると、トロトロのジャムに仕上がります。

コンポート

コンポートづくりには、熟したイチジクでは形が崩れてしまうため、やや未熟なイチジクが適しています。ジャムと同様、煮沸消毒した瓶に詰めてから殺菌すれば、数か月間保存することができます。

ここではイチジクの皮を捨てずにシロップのなかに入れ、色と風味を引き出すつくり方を紹介します。

イチジクのコンポート

材料

イチジク7～8個、料理用赤ワイン400cc、水200cc、グラニュー糖200g、レモン汁大さじ1、バニラ棒（さやに切り込みを入れて）4cm

つくり方

❶イチジクは軽く洗って皮をむく（皮は捨てない）。

❷赤ワイン、水、グラニュー糖、レモン汁、バニラ棒、①のイチジクの皮をホーロー鍋に入れて加熱する。

❸煮たった②に①のイチジクの実を入れ火を消す。ガーゼをかぶせてイチジクの表面がシロップに漬かるようにしてそのまま冷ます。

❹冷めたらイチジクの実がつぶれないように一つずつそっとザルに移し、シロップのみ加熱する。煮たったらイチジクの実を鍋に戻してガーゼをかぶせて冷ます。これをイチジクがやわらかくなるまで2～3回繰り返す。

メモ

イチジクはもともと果肉がやわらかいため、生食の風味が残るよう煮たてない方法を紹介しています。未熟なものが手に入らないときでもつくれます。

短時間でつくりたい方へのアドバイスです。煮たてたシロップにイチジクの実を入れたまま10～15分コトコト加熱し冷やせば簡単にコンポートができます。煮たててつくるときは形が崩れてしまうため、やや未熟な果実が適しています。

赤ワインとイチジクの皮で深い赤

色がつきます。ポリフェノール量の多い赤ワインを使うと、さらに濃い紫色になります。ロゼワインを使うとピンク色になります（コンポートゼリーでは、ロゼワインを使用）。

コンポートゼリー

イチジクの香りが溶け込んでいるシロップ（煮汁）をゼリーにします。

材料（4個分）

〈ゼリー〉 コンポートのシロップ液300cc、ゼラチン5g

イチジクのコンポートゼリー

〈トッピング〉 イチジクコンポート2個（または、生のイチジクでもよい）、生クリーム大さじ4、クリームチーズ大さじ2（30g）

つくり方

❶コンポートのシロップの一部（大さじ2）で、ゼラチンを湿らせておく。

❷シロップを火にかけ、沸騰したら火を止め、すぐに①を入れてよく混ぜ溶かす。容器に分け入れ、冷やし固める。

❸イチジクコンポートは好みの大きさ、形にカットする。

❹クリームチーズを室温に戻してやわらかくしたら生クリームを少しずつ加え混ぜ、なめらかなクリーム状にする。

❺冷やし固めた②のゼリー容器に④を入れて平らにのばす。上に③をのせてできあがり。

イチジクのシーザーサラダ

チーズと相性抜群のイチジクは、シーザーサラダにピッタリ。食卓を華やかにしてくれます。

ここで使用した野菜のほかに、アボカド、炒めたズッキーニやエリンギを加えたり、シーフード（ゆでたむきエビ、イカ、ホタテなど）や生ハムを添えて、毎回違ったシーザーサラダを楽しむことができます。

材料

イチジク適量、市販のシーザーサラダドレッシング適量、キャベツ（千切り）・サニーレタス（ちぎる）・レタス（ちぎる）各適量

つくり方

材料を器に盛りつけ、シーザーサラダドレッシングをかける。

イチジクアイス梅酒かけ

イチジクを見たらバニラアイスを買いに走るほどやみつきに。自家製梅酒なら、おもてなしの一品として喜ばれることでしょう。

材料（一人分）

イチジク（皮をむく）適量、バニラアイス適量、梅酒適量

つくり方

好みの大きさに切ったイチジクとバニラアイスを器に盛りつけ、梅酒をかける。

イチジクのシーザーサラダ

イチジク大福

ひと口サイズの大福。手で持っても、口に入れても驚くほどのやわらかさです。

材料（8個分）

イチジク（皮つきのまま）2個、こしあん（市販）160g、白玉粉60g、グラニュー糖10g、水90g、片栗粉適量

イチジクアイス梅酒かけ

つくり方

❶イチジクは皮つきのまま4分の1割り、または6分の1割りに切り、包みやすいように頭とお尻を切り落とし、立方体に近い形に整える。

❷こしあんは、20gずつ8個に分け、①を包む。

❸耐熱ボウルに、白玉粉、グラニュー糖、水を入れ、溶き混ぜる。

❹ラップをかけ、レンジ500Wに2分かけたら取り出し、よく混ぜる。さらにレンジに1分かけて取り出したら混ぜる。もう1回レンジに1分かけるが、ふくらんだらできあがりなので、様子を見ながら加熱する。

❺熱いうちに片栗粉をひいたバットに④をあけ、生地を8等分する。生地が熱いうちに②を包んで丸く仕

上げる。

メモ

こしあんは、白あんと小豆あんのどちらでもかまいません。

イチジクは皮をむかなくてもだいじょうぶですが、皮をむいてもつくれます。少々包みにくいですが、できあがった大福のやわらかさは格別です。

また、小果品種なら軸のみ切り落とし、丸ごと包むのもおすすめ。

イチジク大福

アイスキャンデー

イチジクキュービック（立方体）アイスキャンデーです。製氷皿でつくり方は簡単！　暑い夏、やさしい涼しさにほっと一息。

アイスキャンデー

材料（17㎝×8㎝の製氷皿1台分）

〈ミルク味〉　イチジク（皮をむく）1個、牛乳200㏄、グラニュー糖60g、あればスティックや楊枝

つくり方

❶牛乳にグラニュー糖を入れ、よく溶かす。

❷イチジクは製氷皿に入る大きさに切る。

❸製氷皿に①を深さ1㎝まで注ぐ。

❹②のイチジクを製氷皿のマスに入れ、容量いっぱいまで残りの①を注ぐ。

❺あればスティックや楊枝を斜めに添えるように差し込んで、冷凍庫で冷やし固める。

〈ジュース味〉　イチジク（皮を剥く）1個、りんごジュース（果汁100%）200㏄、あればスティックや楊枝

メモ

ミルク味と同様にしてジュース味

もつくることができます。材料は牛乳とグラニュー糖をリンゴジュース（果汁100％）に置き換えるだけです。

イチジクタルト

紅茶にピッタリのタルト。バルサミコ酢をまぶすことで、イチジクの味わいが深く感じられます。

まず、タルト生地とアーモンド生地を準備します。最後にタルト台を仕上げていき、オーブンで焼き上げます。

イチジクタルト

材料（21・5㎝型1台分）

〈A〉タルト生地　無塩バター（室温にもどしておく）70g、砂糖35g、卵黄1個分、薄力粉130g、アーモンドパウダー20g

〈B〉アーモンドクリーム　無塩バター（室温に戻しておく）70g、砂糖65g、卵1個、アーモンドパウダー70g、ラム酒大さじ1

〈C〉タルト台仕上げ　イチジク6個（皮つき）、バルサミコ酢大さじ1、ラム酒大さじ1（好みで粉チーズ適量）

つくり方

〈A〉タルト生地をつくる

❶バターに砂糖を入れ、泡だて器ですり混ぜる。

❷卵黄を①に入れ、すり混ぜる。

❸ふるった薄力粉とアーモンドパウダーを加え混ぜる。生地がまとまってくる。

❹生地を丸い円盤型に整え、タルト型より大きく切ったラップで上下をはさむように包み、冷蔵庫で1時間以上寝かせる。

〈B〉アーモンドクリームをつくる

❶バターと砂糖を泡だて器ですり混ぜ、卵を加えてさらに混ぜる。

❷ふるったアーモンドパウダーを加え混ぜ、ラム酒も入れて混ぜる。

〈C〉タルト台をつくる

❶タルト生地をラップの上から薄くのばす。タルト型に敷き詰め、ふちをめんぼうで落とし、フォークで一面に穴をあける。型ごと冷蔵庫で1時間以上休ませる。

❷イチジクは4～6分割の半円や縦割りなど好みの形に切り、ボウル

に入れ、バルサミコ酢をからめておく。

❸アーモンドクリームを①に入れ、平らに広げる。

❹②のイチジクを③全体に少し重ねながらぎっしりと並べる。ボウルに残ったバルサミコ酢も全体にふりかける。

❺180℃に予熱したオーブンに④を入れて45分焼き、色つきを見る。（焦げそうなら160℃に温度調整して）さらに15分焼く。

❻あら熱が取れたらラム酒を表面に塗ってできあがり。

メモ

好みで、焼きあがったタルトの上から粉チーズを散らすと濃厚な味わいを楽しめます。

乾燥と冷凍による保存方法

海外では乾果が一般的

完熟したイチジクの果実は、室温ではほとんど日持ちしませんが、冷蔵庫に入れておけば、2〜3日は保存できます。

長期間保存するには、ジャムやコンポートのように瓶詰にするほかに、乾燥があります。イチジクは海外では生果よりも乾果（ドライフルーツ）として利用されるのが一般的です。乾果は、天日で乾燥させるの

イチジクの乾果

トルコからの輸入品

がいちばん多く、イチジクの風味が凝縮されています。

本場の中東や地中海沿岸は湿度が低く、樹上でも自然に乾燥できるぐらいなのです。

一部に収穫後の一時期ですが、通風などを考慮しながら果実をスライス状に薄切りにしたり、櫛形にしたりして巧みに天日乾燥をしている事例があります。

とはいえ、残念ながら多湿な日本ではカビが発生しやすく、一般的には人工的に加熱して乾果にするほうが無難です。

ドライフルーツとして製品化(福岡県・JA筑前あさくら)

イチジク入りアイスクリーム

乾燥機による機械乾燥

イチジクの生果を人工的に加熱して乾果にするのには、日本では乾燥機による機械乾燥がもっとも一般的です。

いくぶんかための成熟果の皮をまだら状にむいて乾燥機に入れ、長時間乾燥させることで甘味が閉じ込められたドライフルーツになります。

イチジク（とよみつひめ）の主産地のJA筑前あさくら（福岡県の中部）では、生果を乾燥機にかける場合、ドライフルーツ用のときには食感をよくするため皮をむき、パンなどへの加工用のときには素材の持ち味を生かすため皮つきのままにするとのことです。

なお、乾燥機には家庭用の簡便なものから業務用の本格的なものまで多くの機種があり、一部のホームセンターやネット通販などで求めることができます。

電子レンジを使って乾燥

電子レンジを使うと短時間でできるので簡単です。

まず、イチジク3個を六つ割りに切り、クッキングシートを敷いた皿に並べます。600Wに4〜5分かけると果汁が出てくるので、シートを傾け果汁を除きます。

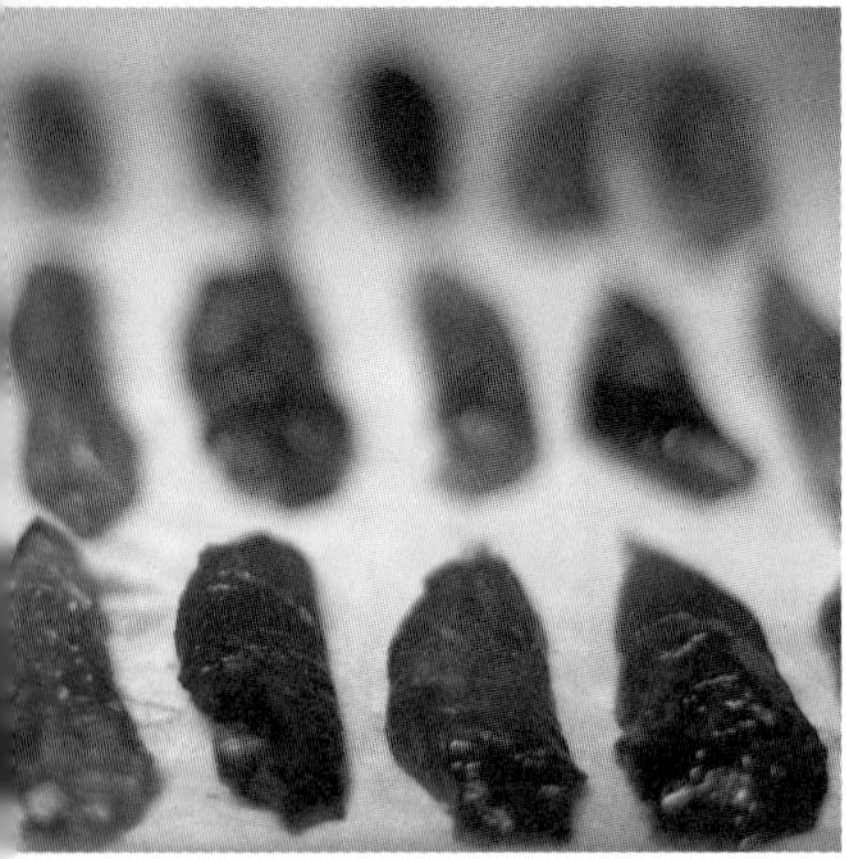
電子レンジによる乾燥イチジク

庫内の水分をふき取り、さらに3〜4分かけ、くっつき防止のためクッキングシートを取り替えます。

あとは500Wで1分ずつ様子を見ながら、好みの仕上がりになるまで電子レンジにかけます。途中、水分が抜けたところで天日に干して仕上げてもよいでしょう。

できあがるのは半生のドライイチジクなので、冷蔵庫に保管して早めに食べるように心がけましょう。

冷凍による保存と解凍

また、スペースは取りますが、冷凍はもっとも簡単な保存方法です。収穫したイチジクをジッパーつきのポリ袋などに入れ、冷凍庫にしまうだけです。

解凍後、フレッシュな食感や色の鮮やかさはないため、加熱して利用するのが適しています。

イチジクは日持ちしないので忙しい収穫期にはとりあえず冷凍しておき、暇を見つけてゆっくりといろいろなイチジクの加工品をつくり、楽しむことができます。

凍ったイチジクを水のなかで手でこするとツルンと皮がむけます。ジャムづくりやコンポート、肉料理のソースに加工します。皮をむかずに凍ったまま切って、ドライイチジクや焼き菓子もつくれます。冷凍によって冬場でもイチジクタルトを味わえるのはうれしいことです。

年間をとおして、さまざまな形でイチジクを味わっていただきたいと思います。

◆主な参考・引用文献

『果樹全書　ウメ・イチジク・ビワ』農文協編（農文協）
『果樹園芸総論』小林章著（養賢堂）
『果樹園芸原論』中川昌一著（養賢堂）
『果樹の病害虫診断事典』農文協編（農文協）
「落葉果樹の品種・イチジク①～③」中岡利郎執筆（日園連）
「イチジク栽培におけるいや地現象の原因と対策」細見彰洋執筆（養賢堂）
『果実の科学』伊東三郎編（朝倉書店）
「イチジクにおける食品としての機能性」高橋徹執筆（日園連）
『農林水産植物種類別審査基準いちじく種』（農林水産省）
『新特産シリーズ イチジク』株本暉久編著（農文協）
「イチジク果実の発育に関する研究」平井重三執筆（大阪府立大学）
『イチジクの作業便利帳』真野隆司編著（農文協）
『図説 果物の大図鑑』日本果樹種苗協会ほか監修（マイナビ出版）
『The Fig』Condit著（Chronica Botanica）
「Fig Varieties: A Monograph」Condit執筆（University of California・Berkeley）
『日本食品成分表（七訂）』（医歯薬出版）
『手づくり食品』ベターホーム協会編（ベターホーム出版局）
「和歌山の果樹」61巻６～８号

株式会社国華園　〒594-1125　大阪府和泉市善正町10
TEL 0725-92-2737　　FAX 0725-92-1011

株式会社大和農園通信販売部　〒632-0077　奈良県天理市平等坊町110
TEL 0743-62-1185　　FAX 0743-62-4175

小坂調苗園　〒649-6112　和歌山県紀の川市桃山町調月888
TEL 0736-66-1221　　FAX 0736-66-2211

岡山農園　〒709-0441　岡山県和気郡和気町衣笠516
TEL 0869-93-0235　　FAX 0869-92-0554

有限会社和泉明治園　〒790-0863　愛媛県松山市此花町8-15
TEL 089-921-0077

丸筑農園　〒839-1232　福岡県久留米市田主丸町常盤645-2
TEL 0943-72-2566　　FAX 0943-73-1070

有限会社坂本樹苗園　〒861-1203　熊本県菊池市泗町住吉724-4
TEL 0968-38-2528　　FAX 0968-38-5758

＊編集部による。時期によって扱っていない場合があります。この他にも日本果樹種苗協会加入の苗木業者、およびJA（農協）、園芸店、種苗店、デパートやホームセンター、農産物直売所の園芸コーナーなどを含め、苗木の取扱先はあります。通信販売やインターネット販売でも入手可能です

◆イチジクの苗木入手先案内

株式会社原田種苗　〒038-1343　青森市浪岡大字郷山前字村元42-1
TEL 0172-62-3349　FAX 0172-62-3127

株式会社天香園　〒999-3742　山形県東根市中島通り1-34
TEL 0237-48-1231　FAX 0237-48-1170

株式会社福島天香園　〒960-2156　福島市荒井字上町裏2
TEL 024-593-2231　FAX 024-593-2234

茨城農園　〒315-0077　茨城県かすみがうら市高倉1702
TEL 029-924-3939　FAX 029-923-8395

株式会社改良園通信販売部　〒333-0832　埼玉県川口市神戸123
TEL 048-296-1174　FAX 048-297-5515

株式会社オザキフラワーパーク　〒177-0045　東京都練馬区石神井台4-6-32
TEL 03-3929-0544　FAX 03-3594-2874

サカタのタネ通信販売部　〒224-0041　神奈川県横浜市都筑区仲町台2-7-1
TEL 045-945-8824　FAX 0120-39-8716

芳樹園　〒950-8741　新潟市中央区愛宕3-1-1
TEL 025-284-7876　FAX 025-283-6874

精農園　〒950-0207　新潟市江南区二本木2-4-1
TEL 025-381-2220　FAX 025-382-4180

八草園　〒956-0045　新潟市秋葉区子成場491
TEL 025-022-5452

有限会社前島園芸　〒406-0821　山梨県笛吹市八代町北1454
TEL 055-265-2224　FAX 055-265-4284

有限会社小町園　〒399-3802　長野県上伊那郡中川村片桐針ヶ平
TEL 0265-88-2628　FAX 0265-88-3728

株式会社江間種苗園　〒434-0003　静岡県浜松市浜北区新原6591
TEL 053-586-2148　FAX 053-586-2149

タキイ種苗通販係　〒600-8686　京都市下京区梅小路通猪熊東入
TEL 075-365-0140　FAX 075-344-6707

北斗農園　〒623-0362　京都府綾部市物部町岸田20
TEL 0773-49-0032

イチジクは丈夫で栽培しやすい

テーブルフルーツとして親しまれる

●

デザイン——— ビレッジ・ハウス
寺田有恒
撮影——— 細見彰洋　三宅 岳　樫山信也
グリーンサム（石井昭文）　ほか
取材・写真協力——— 藤井延康　居村好造　谷野英之
JA 大阪南あすかてくるで羽曳野店
JA しまね多伎いちじく生産部会
JA 筑前あさくら　ほか
執筆協力——— 細見和子
校正——— 吉田 仁

著者プロフィール

●細見彰洋（ほそみ あきひろ）

果樹園芸研究家。農学博士。

1958年、兵庫県生まれ。神戸大学農学部修了後、大阪府立環境農林水産総合研究所に勤務。主にイチジクの栽培技術に携わり、抵抗性台木を用いた土壌障害の回避、剪定法を駆使した樹体の損傷回避などの技術開発をおこなってきた。

著書に『最新農業技術・果樹』、『イチジクの作業便利帳』（ともに分担執筆、農文協）など。

育《そだ》てて楽《たの》しむイチジク　栽培《さいばい》・利用《りよう》加工《かこう》

2017年5月18日　第1刷発行
2023年9月22日　第3刷発行

著　　者――細見彰洋《ほそみあきひろ》

発 行 者――相場博也

発 行 所――株式会社 創森社

〒162-0805 東京都新宿区矢来町96-4

TEL 03-5228-2270　FAX 03-5228-2410

https://www.soshinsha-pub.com

振替00160-7-770406

組　　版――有限会社 天龍社

印刷製本――中央精版印刷株式会社